のプロジェクトスタディ

公民連携のしくみとデザイン

公共R不動産 編

馬場正尊｜飯石藍｜菊地マリエ｜松田東子｜加藤優一｜塩津友理｜清水襟子

学芸出版社

はじめに

複雑だから面白い、公共空間のダイナミズム

馬場正尊

公共R不動産が生まれた時代背景

次に変革すべきは公共空間だと気づき『RePUBLIC／公共空間のリノベーション』という本を書いたのが2013年。「公共空間がこんなふうに変わればいいのに」という理想のスケッチを無邪気に提案した、まるごと企画書のような本だった。この問題提起の始まりから5年が経過した今、幸いにもそのスケッチのいくつかは具現化している。

日本のさまざまな街で公共空間再生の動きは広がりを見せているが、その動きをさらに加速させようと、使われていない公共空間と使いたい人や企業をマッチングさせるしくみとして2015年に立ち上げたのが「公共R不動産」というメディアだ。現在、日本中の自治体や国土交通省、総務省、内閣府等からさまざまな相談や掲載依頼が寄せられるようになった。このような変化のなかに身を置いて感じるのは、今から日本の公共空間、そしてそのつくり方は大変革期を迎える、ということだ。

公共R不動産を始めてから3年。この変化の兆しは、瞬く間に実践モードに変わっている。その背景を簡単に分析しておきたい。

自治体と省庁で進む公共空間の再編

まず、日本の自治体が置かれている状況に公共空間再編の原因の一つがある。現在、日本の基礎自治体の数は約1700。そのうち、約1300が自主

財源を義務的経費が上回る、事実上の破産状態にある。福祉や医療費が増大するなかで、公共施設への再投資は今後さらに難しくなる。これから間違いなく、堰を切ったように公共空間は民間に開放され始めるはずだ。

各省庁も相次いで、公共施設のあり方について、今後10年スパンの予想や方針を発表している。

国土交通省のレポート「公的不動産（PRE）の民間活用の手引き」（2017年1月）によると、公的不動産は、日本の不動産ストック約2400兆円のうち約590兆円を占めると推計されている。その公共施設の多くは高度経済成長期にあたる1970年代に整備されている。建設から60年程度で更新時期が到来することを考えると、これらの建替えや大規模修繕は今後10～20年間に集中することになる。当然、その財源確保が大きな課題となる。

総務省は「公共施設等の総合的かつ計画的な管理の推進について」（2014年4月）において、全地方公共団体に対し、2016年度までに公共施設等総合管理計画を策定することを要請し、2017年9月末時点で、都道府県および政令指定都市については全団体、市区町村については99.4％の団体において、計画策定済みとなっている。また、2017年度末までに固定資産台帳の整備と複式簿記の導入を前提とした統一的な基準による財務書類の作成を要請した。この3月末で帳簿が出揃ったはずなので、日本が抱える公共施設の正確な資産額が出せるはずだ。改めて、その大きさを再認識することになるだろう。

内閣府は「PPP／PFI推進アクションプラン」（2016年5月策定、2017年6月改定）で、今後10年間で以下の事業規模を目指すと発表している。

- 公的不動産利活用事業4兆円
- 公共施設等運営権制度（コンセッション）を活用したPFI事業7兆円
- 収益施設の併設・活用など事業収入等で費用を回収するPPP／PFI事業5兆円

その合計、16兆円。

内閣府はコンセッション方式や「稼ぐ」公共施設の方針を示し、そこに新たな市場をつくろうとしていることをうかがわせる。

このように各省庁もそれぞれの立場から、公共空間の再編や民間との連携に向けて本格的な取り組みを始めている。

三つの変革

現在、新しいタイプの公共空間が生まれようとしている背景には、大きな三つの変革がそのエンジンになっている。

・空間の変革
・制度の変革
・組織の変革

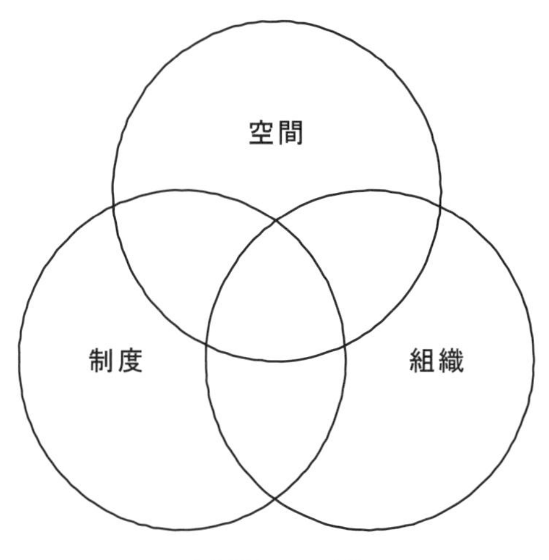

公共空間の三つの変革

空間の変革

まず大きいのが、公共空間に対する市民の、そして行政のイメージの変化だ。ほんの少し前まで、公共施設は行政の管理下にある不自由でよそよそしい場所だった。しかし最近それが、自分たちも関与できる、アイデアを受け入れてもらえる可能性を持った柔軟な場所へと、イメージが変わりつつある。

空間の変革には大きく三つの方向性があるように思う。

・新しい機能の組み合わせ
・用途変更
・使えなかった空間の活用

まず、新しい機能の組み合わせが、今まで見たことがない魅力的な空間を生みだしている。公園とカフェ、図書館と本屋、保育園とパン屋、役所とパブリックビューイングなど。ありそうでなかった組み合わせが実現することで、公共空間の新しい使われ方や楽しみ方が次々に発明されている。

次に、用途変更。これは特に廃校の再生事例に多い。ギャラリー、シェアオフィス、宿泊施設、植物工場などとして活用されている。建築基準法や消防法の手続きや、地域でのコンセンサスの取り方など難しい面も多いが、地域の記憶が次の使い方にうまく継承された場合は、用途変更の傑作が生まれることもある。今後さらに注目される分野だ。

そして、今まで使えなかった、もしくは使えるとすら考えなかったような空間の活用。これは規制緩和によって実現する場合が多い。その代表が水辺や道路。歴史的に見ればそこは人々の交易や商いの場所だったが、近代化のプロセスの中でいつしか生活から切り離された場所になった。「つくる時代から使う時代へ」。かつて国土交通省の水管理・国土保全局長が象徴的に言ったように、今、次の段階へシフトチェンジしようとしている。

制度の変革

次に、制度の変革である。現在、国は矢継ぎ早に規制緩和を進めている。たとえば、公園では、2017年に都市公園法が改正され、今まで敷地面積の2％しか許されなかった建ぺい率が12％に拡大された。屋根のある空間をつくれるようになったことで、そこを民間に賃貸するなどして収益をあげることができる。それを公園整備に再投資するなど、民間の工夫による活用の可能性が広がった。

水辺でも、2011年の河川法準則改正により、全国の河川で民間事業者が、飲食店、オープンカフェ、広告板、照明・音響施設、バーベキュー場等を設営することが可能となった。これにより、たとえば川床やフェスなどの季節的なアクティビティをより積極的に仕掛けられるようになっている。

そのほか、国家戦略特区などが設けられ、公共空間の活用に対する規制緩和をエリアを限定して実験的に行い、その結果を次の制度設計にフィードバックしていくようなしくみの活用も始まっている。

今後、このような公共空間に関する規制緩和はさらに進むことになるだろう。それを実行するかどうかのキャスティングボードは現在、各自治体に移っている。どれだけ迅速に条例改正を行い事業化までもっていけるかどうかがカギになる。積極的な自治体は社会実験などを繰り返しながら、自ら段階的に制度の壁を壊している。数年後、チャレンジした自治体と、しなかった自治体の間でかなりの差が生まれるはずだ。

組織の変革

そして最後に、組織の変革である。公民連携で最も重要になるのが、行政側と民間側、それぞれが適切な組織やチームをつくり、信頼関係に基づくパートナーシップを構築できるかどうか。それにかかっていると言っても過言ではない。また現段階での公民連携のポイントは、今まで国や自治体、行政が運営・管理していた空間を、どのような方法、手続きで民間に委ねていけばいいのか、それを共有することにある。

現在、行政、民間の双方がその適切な組織のあり方について試行錯誤をしている。重要なポイントは下記の三つ。

・公共を担う新しい民間組織
・カウンターパートナーとしての行政側の体制
・契約のカタチ

公共を担う新しい民間組織とはどんなものだろう。パブリックマインドを持ちながら、民間ならではの経営感覚を持って空間の運営を行う企業が増えている。それが時代の価値観なのだろう。

それに対応するように、カウンターパートナーとしての体制を行政側でも模索している。従来の縦割り組織では、たとえば廃校利用を行おうとすれば、資産管理課、都市整備課、建築指導課、教育委員会など、複数の部署との調整を図らなければならない。必ずしも一枚岩になっていない場合もあるから、民間は誰を窓口にすればいいかわからない。それが原因でプロジェクトが膠着状態に陥るのをしばしば見かける。

うまくドライブしているパターンでは、行政側が部署間を横串にするタスクフォースや複数の部署を横断的にまとめる企画調整課のような部署をつくっている場合が多い。責任と窓口をまとめ、ワンボイスで民間とコミュニケーションができる体制を整えていることが重要である。

こうした民間と行政とがパートナーシップを結ぶ場合、その関係性を担保するのが契約である。公共施設における今までの契約はどちらかというと行政から上位下達で決まる場合が多かったのではないだろうか。公民連携では、その関係性の構築こそ重要になってくる。

契約形式について考えられるパターンを列挙してみると、業務委託、指定管理、民間貸付、コンセッション方式、PFIなど。今後もさらに新たな手法が検討されるだろう。施設の性質や規模に応じて選択肢はさまざまだが、契約内容がパートナーシップのデザインそのものであるといえる。

以上のように、今、日本の公共空間は大変革期を迎えている。たった数年間で興味深いプロジェクトがいくつも生まれている。本書で紹介したのはそのほんの一部だ。

公共空間が面白いのは、それが複雑であるからだと思う。その複雑な活用プロセスを公共R不動産では六つのステップのフローにまとめている。前述したように、公共空間は空間、制度、組織、そして政治や経済、地域の記憶やコミュニティの結節点である。だからこそ、多様な人材や知恵を集結し、プロジェクトを動かすダイナミズムが生まれる。公共R不動産はそれらをつなぎとめる、プラットフォームでありたいと思っている。

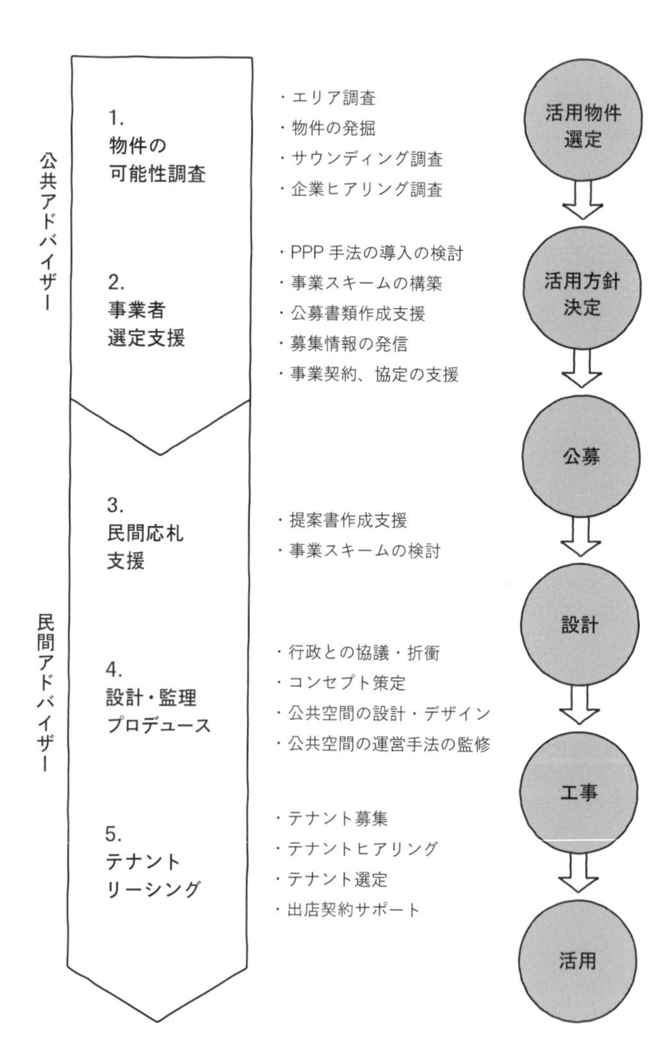

公共空間活用の六つのステップ

この本の使い方

この本は、大きく四つのコンテンツで構成されている。

① プロジェクト・スタディ

本書で取り上げるプロジェクトは、しくみとデザインという視点を重視して選定した。まず、補助金に依存していない持続可能なしくみであること。また、これまで公共空間では見過ごされがちであったデザイン性に優れたものである点も意識した。

本編は大きく2部構成になっている。1部「公共空間を使う4つのステップ」では、物件を選ぶプロセスから、実験的、暫定的、本格的に使うまでを4段階に分けて事例を紹介する。2部「公共空間をひらく3つのキーワード」では、公民連携の考え方やテクニック、官と民の関係性のつくり方など、発想の転換で既存の枠組みを変革している事例を取り上げる。

② インタビュー

最近増えているいきいきとした公共空間の舞台裏には新たな視点で公共空間を捉える先駆者がいる。制度をつくる人、空間をつくる人、使いこなす人、それぞれの立場で考えていることをじっくりインタビューした。

③ コラム

個別事例では盛り込めなかったキーワードについて、独断と偏見により解説を加えたのがコラム。海外の素敵な風景の裏側にあるしくみや発想の根源、体制などを解説している。

④ 妄想企画

公共空間をオープンにできない壁は、制度、意識、資金、関係性、技術などあらゆるところにある。妄想企画はそれらの壁をクリアするためのアイデア集だ。

本書は公共空間を活用したいすべての人を応援する実例集である。ここからヒントを見つけてほしいし、あなたの挑戦を反対する人に前例として突きつける特効薬にもなるかもしれない。

目次

② 仮設で使ってみる — 暫定利用

③ 使い方を提案する ― サウンディング

④ 本格的に借りてみる ― 民間貸付

2部 公共空間をひらく3つのキーワード

⑤ シビックプライドをつくる ― オープンプロセス

⑥ 領域を再定義する — 新しい公民連携

1部

公共空間を使う4つのステップ

1. 風景をつくってみる - 社会実験

2. 仮設で使ってみる - 暫定利用

3. 使い方を提案する - サウンディング

4. 本格的に借りてみる - 民間貸付

1.

風景をつくってみる
- 社会実験

あったらいいなと思い描く風景は、短期間でもいいので実際につくってしまおう。風景を変えてみることが、人々の意識を変え、その後の活用の大きなエンジンとなる。そこから新たな課題が見えてくることもある。

風景をつくるために障害となる、規制やステークホルダーの利害対立を緩和するには、「社会実験」という方法がある。公共空間を活用する時に、時代遅れなルールがあったり、基準が曖昧なこともあるが、場所や期間を限定して試してみることで、そのルールを問い直すことが可能だ。社会実験の際には、「使用手続き」が必要になるが、その手続きが煩雑であれば、それを見直すこともできる。

本章では、公共空間を活用する第1ステップとして、「風景をつくってみる」というアプローチを紹介する。

タイムズスクエア

大混雑した車道を世界一の広場に

転用パターン：車道 → 歩道	開業年：2009年	
所在地：アメリカ・ニューヨーク市	運営者：ニューヨーク市	

有能な市長のリーダーシップ

世界で最も有名な広場の一つ、ニューヨークのTimes Square（タイムズスクエア）。1970〜80年代までは市内で最も危険なエリアだったが、1994年に就任したジュリアーニ市長の取り組みや、1992年に設立されたBID「Times Square Alliance（タイムズスクエア・アライアンス）」の活動によって喫緊の課題であった治安が改善した。しかし、歩行者と自動車により日常的に混雑した道路では交通事故が多発。次なる課題は歩行者空間の改善であった。2002年に就任したブルームバーグ市長は、過度な交通混雑を解消し、道路を歩行者のための公共空間へ転換する政策を指揮、タイムズスクエアは世界中から訪れる人々で賑わう広場に変わった。

斜めの憂鬱を解消

碁盤の目状の道路で構成されているニューヨークの中心を、斜めに貫く大通り、ブロードウェイ。劇場などで知られるこの通りは、いくつもの通りと交差するため、その特性から「ブロードウェイとぶつかるところでは必ず渋滞が起きる」と言われるほど、交通のネックになっていた。タイムズスクエアはまさに、斜めに走る通りと碁盤の目状の通りの交差点に位置している。

2009年の夏、ニューヨーク市交通局は、タイムズスクエアをはじめとするブロードウェイに面した五つの街区を、車道から歩行者専用道に転換させるという社会実験を実施した。「Green Light for Midtown（グリーンライト フォー ミッドタウン）」と呼ばれたこの試みは、移動性（モビリティ）と安全性を同時に高め、かつミッドタウンの中心に付加価値を与えることを目的として行われた。車道だったブロードウェイが歩道になることで、タイムズスクエアの歩行者空間は、従来のほぼ倍の広さになった。

明確なビジョンと緻密な効果測定

2007年に公表されたニューヨーク市の長期総合計画「PlaNYC」の中に、「公共領域を再創造する」というスローガンがある。2009年の社会実験は、交通局がこのスローガンを達成するための具体策として位置づけられた。

社会実験の実施前には、交通局としてどのような街路を目指すのかを明示した交通戦略「持続可能な街路」を発表、さらに街路の使われ方をまとめたレポート「世界水準の街路」（調査はデンマークの建築家ヤン・ゲールに委託）を発行するなど、綿密なリサーチと明確なビジョン策定がなされた。

社会実験での混雑解消の効果測定には、市内を走る1万3000台のタクシーに搭載したGPSのデータを活用。信号のタイミングも含め、調整を重ねた。

効果測定の結果、広くなった歩行者空間のおかげで、エリア内の交通事故が63％減少し、車道を歩く歩行者が80％減少するなど、安全性は大きく改善した。さらにタイムズスクエアの来訪者数が11％増え、タイムズスクエア・アライアンスの調べでは、74％の市民がタイムズスクエアは劇的によくなったと回答した。観光客がくつろげる空間が新たに生まれたり、忙しいニューヨーカーが足早に歩けるようになったりと、さまざまな効果をもたらした。

そして翌2010年に、ブルームバーグ前市長はこのタイムズスクエアの歩行者空間化の恒久化を決定。こうしてタイムズスクエアは、ニューヨークが世界に誇る本当の意味での「広場（スクエア）」になった。（松田）

写真左のブロードウェイを歩行者空間にすることで、人々の憩いの場所に生まれ変わったタイムズスクエア

交通渋滞のメッカだった頃のブロードウェイ（左）、歩行者空間化された現在の様子（右）

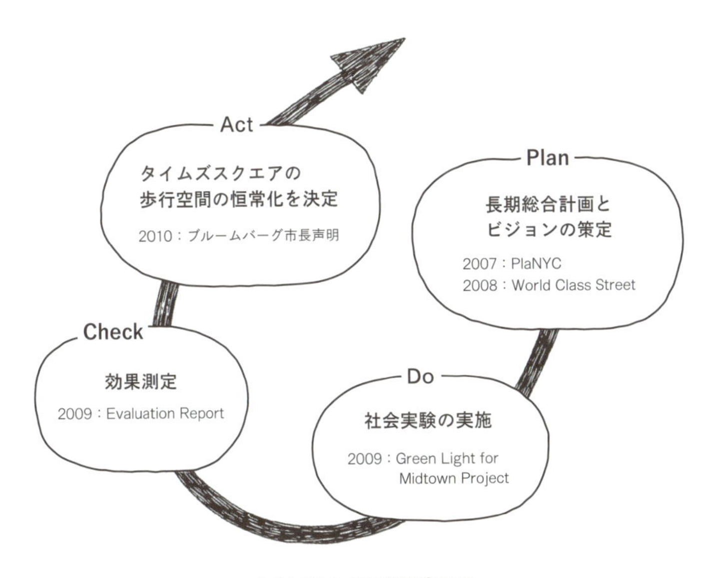

タイムズスクエアの活用プロセス

座り場@ひろさき

可動椅子の魔法

転用パターン：公園 → イベント	開業年：2015年
所在地：青森県弘前市	運営者：弘前市青年会議所

素朴ながら公園の可能性に気づけた社会実験

いつもの公園に可動椅子とテーブルを置くとどんなことが起こるのか？その効果を探る社会実験が、2015年10月、弘前市の吉野町緑地公園で行われた「座り場プロジェクト＠ひろさき2015」だ。

吉野町緑地公園は、弘前市の中心市街地である土手町商店街に隣接し、歴史的建造物の吉野町煉瓦倉庫の前に広がる公園。眺めも環境もよいのに、普段はあまり利用されていなかった。公園の活用を模索していた弘前市都市環境部の盛和春氏がプレイスメイキングを研究する渡和由氏（筑波大学）と出会い、公園に可動椅子を設置する「座り場」のアイデアが浮上。国土交通省のプレイスメイキング実証実験事業として実施することになった。

運営は弘前市青年会議所が行い、期間中は椅子100脚とテーブル25脚を公園に配置した。老舗喫茶店がキッチンカーでコーヒーを提供し、Wi-Fiも完備。そのほか交換型書店、出張動物園などが行われた。可動椅子なのには理由がある。まず、置く場所を自分で選べること。そして人数を問わないこと。さらに誰でも無料で使えること。仕事をする人、ミーティングする人、休憩する人、読書をする人など、椅子の使い方はさまざまだった。

渡氏は「その空間を自分の居場所だと感じられることが、継続的な利用につながる」という。人気のない場所を魅力的な居場所に変える可動椅子は、ある意味、究極の公共施設なのだ。この可動椅子は現在、実験に参加した喫茶店が弘前大学構内にオープンした店舗前で使用され、ミニ座り場が展開されている。（松田）

可動椅子を置くというシンプルな仕掛けが、公園をぐっと心地よくした

上 通り抜けるだけだった広場でくつろぐ人々／下 仮設の芝生と本が人々をつないだ

アーバンピクニック

毎年進化する市民主導の社会実験

転用パターン：公園 → イベント	開業年：2015年
所在地：兵庫県神戸市	運営者：一般社団法人リバブルシティイニシアティブ

市民がシェアする都心のアウトドアリビング

神戸市三宮、市役所にもほど近い都心にあり、ルミナリエの会場としても知られる東遊園地。好立地にもかかわらず、大きなイベント開催時以外は通り抜けるだけだった公園の広場が、市民のリビングルームに生まれ変わった。

2014年、市民から東遊園地をもっと日常的に活用したいという声があがり、有志が神戸パークマネジメント社会実験実行委員会を組織。2015年には神戸市が共催者として参画し、6月に2週間、社会実験として「URBAN PICNIC（アーバンピクニック）」が実施された。仮設の芝生を敷き、市民が本を持ち寄った「アウトドアライブラリー」と、近郊の農家が集まった「ファーマーズマーケット」を主要企画としたこの社会実験には2週間で約5000人が訪れ、東遊園地がみんなのリビングルームになることを証明した。2015年秋に2回目の社会実験を企画。2016年には、運営者が公募となったが、実行委員会を一般社団法人化し、公募を勝ち取り運営を続けた。

3年目の2017年には、「公園をみんなで育てる」をキーワードに「フレンズ」と呼ばれるメンバーシップ制度を創設した。プログラムへの参加やライブラリーへの本の寄贈などの基準を満たした人のうち、希望者を「フレンズ」として、プログラムへの優先参加などの特典をつけ、東遊園地を一緒に育ててくれるメンバーを増やすことが狙いだ。

能動的に公園を楽しみ育てる意識をつくっていく。社会実験から始まった試みは、地域の日常になりつつある。（松田）

グリーンループ仙台

イベントの連鎖でまちを盛り上げる

転用パターン：道路・公園 → 公園	開業年：2017年	所在地：宮城県仙台市
運営者：Sendai Development Commission 株式会社ほか		

東北全域のコーヒーロースター、花屋、ワイン店が集合

2017年秋、仙台。公園に木製の屋台がずらりと立ち並び、「GRREN LOOP SENDAI（グリーンループ仙台）」が開催された。市内の西公園、定禅寺通、錦町公園を一帯として活用し、東北全域からコーヒーロースター、花屋、東北産のワインを試飲・販売できる屋台などが集結し、2日間で2万5000人が来場した。

仙台の顔ともいえるケヤキ並木が続く定禅寺通。夏はジャズフェスティバル、冬はイルミネーションと、多くの観光客が訪れるスポットになっているが、普段の日はほとんど人がいないことが問題視されていた。

そんな定禅寺通をもっと人々に使われる場所にしようと立ち上がったのが、Sendai Development Commission 株式会社。利用されていないポケットパークや通り等でイベントを開催し、エリア全体の価値を上げるさまざまな企画を展開している。特筆すべきは、補助金を入れることなく、すべてのイベントを独立採算で実施し黒字化に成功していること。イベントの収益は新たな賑わい創出企画に再投資する。

GREEN LOOP SENDAI は、TOHOKU COFFEESTAND FES、TOHOKU WINE FES、SENDAI FARMERS MARKET、HANA FULL SENDAI など同時開催されるイベントの総称。それらを巡りながら仙台を回遊してもらうことが意図されている。（飯石）

上 イベント時は多くの屋台が立ち並び、人であふれる／下 普段は人がいない定禅寺通り

上 子どもから大人まで、たくさんの人が行列をつくる
下 まちなかにぽっかりと現れる水色のスライダー（別府市での開催時）

スライド ザ シティ

道路を最高のエンターテインメント空間に

転用パターン：道路 → スライダー	開業年：2015年
所在地：東京都江東区ほか	運営者：Afro&Co.Inc. ほか

坂道はアトラクション

道路を巨大な屋外ウォータースライダーに変貌させる「Slide the City（スライド ザ シティ）」。2013年にアメリカ・ソルトレイクシティで開催されて以降、そのダイナミックな発想が話題となり、世界中で開催されているモンスターイベントだ。日本には2015年に上陸し、全国各地で一大旋風を巻き起こした。ここまで大胆に公道を使ったアトラクションは日本初だろう。企画・運営母体はアメリカにあるSlide the City LLC。日本での運営はAfro&Co.Inc. をはじめとするSlide the City実行委員会が担った。

日本開催の第一弾はお台場のシンボルプロムナード公園 夢の大橋。1万人分のチケットが即完売した。スライダーは全長約300m。勾配によってはかなりのスピードが出る。1回のスライダーを滑るまでに2時間待ちという状況のなか、待っている間も飽きさせないよう、近くの広場のステージではDJがクラブミュージックをかけたり、また世界各国の料理が食べられるフードコートもあり、スライダーを滑らない人も楽しめる。浮き輪に乗ってスライダーを駆け抜けるのはとてもスリリングで楽しい。

そんなイベント開催への一番のハードルは道路使用許可だ。通常は警察への許可申請が難航するが、お台場開催では夢の大橋の管理主体である民間企業が共催に入ったことで、利用許可が下りたという変化球。一方、大分県別府市での開催では、市役所前のメインストリートを封鎖するという一番ハードな挑戦をやってのけた。前例が生まれたことで、今後、道路を活用したイベントは広がりを見せていくだろう。（飯石）

ねぶくろシネマ

河川敷で一夜限りの映画鑑賞

転用パターン：河原・橋脚 → 映画館	開業年：2015年
所在地：東京都調布市	運営者：合同会社パッチワークス

父親たちのブレストから始まった野外映画館

2016年3月の夜、多摩川河川敷に一夜限りの映画館が出現、映画「E.T.」が上映された。京王線の橋脚にプロジェクターで映し出される大きなスクリーンで、400人以上が寝袋や毛布にくるまり映画を鑑賞。会場では温かい飲み物や映画にちなんだ食べ物も販売された。赤ちゃんが泣いても、犬が吠えても問題なし。映画が終わるころには大きな満月が昇り、誰もが忘れがたい映画体験となった。

これが2回目の開催となった「ねぶくろシネマ」。きっかけは、調布在住の父親たちが始めた「調布を面白がるバー」というブレスト飲み会だった。映画の撮影所があった調布市は「映画のまち」を宣言してきたが、当時は映画館もなく市民には実感がなかった。家族で気兼ねなく映画を観られる環境をつくれないかという議論の中で出てきた「多摩川の橋脚に映画を映して芝生の上で観たら気持ちいいのでは」というアイデアを実現すべく、パッチワークスという会社を設立。橋脚は京王電鉄、グラウンドは調布市、それ以外の河川敷は国交省が管轄していたが、2週間後には河川敷で上映許可を取りつけた。

「ねぶくろシネマ」は、2017年末で20回を超え、全国に広がっている。橋脚や壁、廃校、競馬場といった遊休不動産を活かすこともあれば、公園にスクリーンを設置することもある。プロジェクター、スクリーン、音響設備、発電機、映画の著作権料など、1回の開催で30万円はかかるが、「呼ばれればどこへでも行きたい」と代表の唐品知浩氏は語る。（松田）

上 橋脚に映し出された映画／下 夕暮れ時、多摩川河川敷に続々と人が集まる

上 日中、歩行者に開放されている高速道路／下 夜になると、まるでフェスのような光景に

ミンホカオ

高速道路の歩行者天国

転用パターン：高速道路 → 広場	開業年：1976年
所在地：ブラジル・サンパウロ市	運営者：サンパウロ市

昼はウォーキングコース、夜はクラブに変身

ブラジル最大の都市サンパウロにある通称「Minhocão（ミンホカオ）」と呼ばれる高速道路。日曜と平日の夜〜早朝には、約3.5kmにわたって車が追い出され、歩行者とサイクリストに開放される。時間限定で出現する、空中広場だ。

昼〜夜の時間帯には、散歩やジョギング、サイクリングをする人が行き交う。路上の人と道路に隣接するアパートの住人が井戸端会議を始めたりもする。

夜になると高速道路はさらに変身。DJブースが設置されて音楽が鳴り響き、路上は踊る人々であふれて屋外クラブ状態。高架下からはお酒を片手にした若者が次々と高速道路に登ってくる。さすが音楽と踊りの情熱の国。

もともとこの高速道路は、渋滞緩和のために1970年につくられた。しかし間近にアパートが建ち並び、高架近くの住民たちは騒音問題に直面した。そこで1976年、市は日曜・祝日に高速道路を封鎖することを決断。1990年代にはそれを平日の夜〜早朝にも広げた。2017年時点でも道路の開放は継続している。

このプロジェクトが面白いのは、時間限定で公共空間を生みだしているところ。必ずしも物理的な変化を必要としない、新しい空間の使い方が提案されている。白黒はっきりさせず、こんなトランジションがあってもいい。（内田）

COLUMN1

道路を開放するストリートファニチャー

日本の不自由なストリート

海外、特に欧米の屋外公共空間と比べて日本のオープンスペースがなんとなく寂しく感じる理由の一つは、ストリートファニチャーや露店など、オープンスペースを彩るものが少ないせいではないだろうか。

それもそのはず、日本ではストリートファニチャーを設置するのに高いハードルがある。たとえば2章で紹介する愛知県豊田市の「あそべるとよたプロジェクト」(p.52参照)では、たとえ車が通過しない広大なペデストリアンデッキであっても、社会実験で歩行者の安全性と必要性を証明し、「道路」から「広場」に用途を変えなければ使えなかったほどだ。

道路は道路法、道路交通法などの厳しい規制のもとに置かれている。それでも使いたい場合、まず攻略すべきは「道路管理者」である行政と警察だ。通行人の邪魔をせずに動線を確保できるか、緊急時に安全の確保ができるか等を証明しなければならない。

世界一の公共空間を目指すまち

ストリートファニチャーが公共空間を豊かにしている事例として非常に参考になるのは、デンマークのコペンハーゲンだ。コペンハーゲンでは、歩道のいたるところにあふれんばかりの椅子やテーブルが置いてある。

あまりの違いに、そのしくみをリサーチしてみると、外国人の私でも簡単にオンラインの設置申請のページに辿り着けた*1。市役所に出向かなくても、店舗は歩道に椅子を並べることができるのだ。日本では、道路管理者である行政と警察との協議が必須だが、コペンハーゲンではそもそも設置してよいエリアの地図がオンライン上で明示されている。

どうしてこんなことが可能なのだろうか。コペンハーゲン市では「心地よい公共空間を提供すること」が他都市との競争力の源泉として認識されており、市の重要な政策として位置づけられているためだ。コペンハーゲン市のスローガンは「世界で最も住みよいまち」にすることであり、その中心施策として2010～2015年は公共空間での市民の滞在時間を20％延ばすことが掲げられていた。行政は数値データとして実績を把握しており、路上に設置されるアウトドアファニチャーの席数をその一指標としてオンライン申請を通じてカウントしているのだ。民間にとって使いやすいだけでなく、市にとっても、各店舗がテラス席を歩道に出してくれることは政策意図と合致し、質の高い公共空間の提供につながるというわけだ。

公民連携の絶妙なバランス感覚

その公民連携の設計の絶妙なバランス感覚は、制度のいたるところで見てとれる。民間の店舗が歩道にテラス席を設けても、市が占有料や賃料を徴収するわけではなく、基本無料だ。さらに設置可能範囲についても、「店がお客をさばける面積」であればよいとのアバウトな決まりになっている。民間事業者にとっては賃料を支払わなくても席数を増やせるわけで、こんなおいしい話はない。だから、歩道からはみ出さんばかりにファニチャーがひしめくのだろう。

その背景には、公共空間である道路にテーブルや椅子等を設置することで、顧客が店に滞在する時間が長くなり、消費が喚起され、売上げが伸びれば、結果としてその店からの納税が増えるので、そこで回収できればよいという発想がある。コペンハーゲンは世界に先駆けて、1960年代に車道の歩行空間化に乗りだしたまちとして有名だが、それも当初は沿道の商店の商業振興が目的であった。公共空間の政策と商業政策の連携が当然のごとく図られている。

逆に、市が政策的にバックアップしているために、アウトドアファニチャーの設置を申請したら、申請通り置いておかなければならない。外に設置しておくべき時間が指定されており、天気や店の都合で置いたり置かなかったりするのはNGだ。したがって、ファニチャーは基本的にすべて

COLUMN1

防水素材でできている。

また、居心地がよく、質の高い公共空間でないと、人はそこに長時間滞在しないため、申請時にはデザイン性も審査され、設置予定のファニチャーの写真をアップロードして申請する必要がある。民間の所有物であっても公共政策的に設置を許可し、公共空間の景観を形成する公共物に準ずるものなので、色やデザインにまで市が気を配るという考え方は興味深い。

ちなみに、ストリートファニチャーではないが、屋外設置物という意味で、もう一つ興味深かったのがコーヒースクーターだ。公園のあちらこちらに、パラソルを立てた色とりどりのコーヒースタンドが立ち、サングラスをかけたお兄さんが店番をしている。聞けば、普段は別の仕事をしているが、自分でカフェを開くのが夢で、土日だけ公園で出店してまずファンをつけているのだという。こちらも、アウトドアファニチャー同様、オンラインで申請でき、設置できるスタンドのサイズや販売可能な飲食物などのガイドラインもサイトからダウンロード可能だ*2。日本の公園では商業目的に占有許可を取得するのは相当な理由がない限り難しいが、これもまたコペンハーゲンではネットでだいたいが片付く。

こんなにスムーズな手続きができたらと憧れる気持ちはあるが、いくら申請がしやすくなっても、公園で楽しむ文化がないところで営業行為は起こらない。顧客がいて初めてビジネスが成り立ち、政策も機能するというもの。世界的な潮流に乗り、今後日本でも屋外公共空間の活用が加速化すると思われるが、現在、テラス席が最後に埋まるといわれるこの国で、空間や制度のデザインによって、人々の屋外の体験がどのように変わっていくのか、楽しみである。(菊地)

＊1 How do I apply for a licence to have outside seating, advertising boards and product displays?
https://international.kk.dk/artikel/how-do-i-apply-licence-have-outside-seating-advertising-boards-and-product-displays

＊2 How do I get a permission for mobile street vending?
https://international.kk.dk/mobile-street-vending

コペンハーゲンでアウトドアファニチャーを設置できる国道や市道

写真上左 店舗は無料で歩道にテラス席を設けられる／上右 雨に濡れても平気な防水素材でできたソファ
下左 橋の上でもくつろぐコペンハーゲンの人々／下右 公園のコーヒースクーター

妄想企画 その1

使える公共空間データベース

天気がよい日は広場で仕事がしたい、道路でマルシェを開きたい、公園で結婚式やパーティーをやりたい、あの木にハンモックを吊るしたい、廃墟のような場所でお化け屋敷をやりたい…。公共空間を使いたい市民のニーズは至る所に転がっている。しかし、各自治体のウェブサイトを見ても、どの場所でどんなことができるのか、どんな設備があるのか、どう申し込めばよいのか、使い手のニーズに応えているサイトはほとんどない。

それぞれの公共空間の情報（アクセス、広さ、設備、使うための手続きなど）がわかりやすく整理され、写真がたくさん載っていて、洗練されたデザインのウェブサイトがあるだけで、市民にとって公共空間がもっと身近になるかもと妄想してみた。

そんなサイトを妄想していたら、すでに実装している事例がニューヨークにあった！「POPS」（https://apops.mas.org/）というサイトだ。ニューヨーク、マンハッタンを中心に約500カ所近くある「Privately Owned Public Space(POPS)」という私有の公共空間について、場所、広さはもちろん、デザイナー名、ビルオーナー名、その場所が誕生した経緯までデータベースに記載されている。さらに、基本設備として、テーブルや椅子の数、木の本数までわかるようになっている。さすが、どこまでも情報をオープンにする国、アメリカ。

このPOPSのデータベースを参考にしながら、これらの公共空間を使うステップが示してあるとさらによい。基礎情報だけでなく、使う場合の具体的な条件や設備も記載されており、そのサイトから申し込みができ、さらに使った人のレビューやコメントも載せ、双方向なコミュニケーションがとれるとより楽しい。今ある情報を編集して発信するだけでも、公共空間の利用率は格段に上がるはずだ。（飯石）

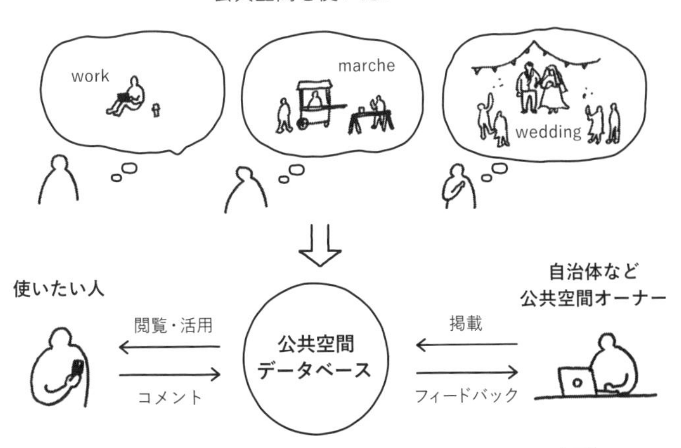
公共空間を使いたい・・・
work
marche
wedding
使いたい人
自治体など
公共空間オーナー
閲覧・活用
コメント
公共空間
データベース
掲載
フィードバック
使い手と公共空間オーナーの双方向なコミュニケーションが可能

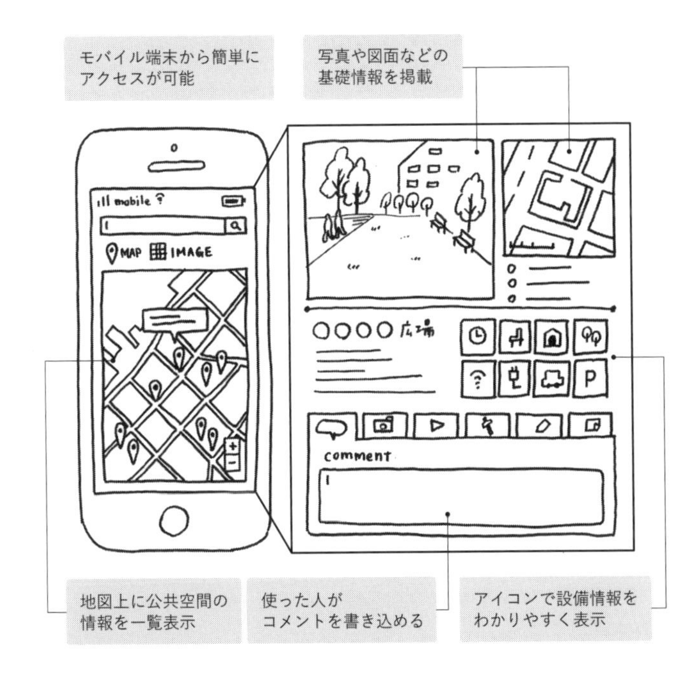
モバイル端末から簡単に
アクセスが可能
写真や図面などの
基礎情報を掲載
mobile
MAP
IMAGE
comment
地図上に公共空間の
情報を一覧表示
使った人が
コメントを書き込める
アイコンで設備情報を
わかりやすく表示

妄想企画 その2

公募プロセスをひっくり返す逆提案制度

通常、公共空間を民間活用するプロセスは、公平性を担保するため、まずは自治体が公募情報を開示して活用事業者を募集し選定する、というプロセスであることが多い。実際そのようにして多くの公共空間では活用事業者とのマッチングが行われているが、人口の少ない地方都市では、公募を行っても応募件数が0というケースが多い。

昨今、魅力的な空間を使いたい、それが公共空間であればなお嬉しい、そんなことを考えている民間事業者も多数いる。しかし制度や組織の壁に阻まれて実現まで辿り着くのはとても困難である。その双方のニーズをうまくつなぎあわせることができないか。そこで頭に浮かんだのが、往年のテレビ番組「スター誕生！」の風景だ。

一般の若者がステージに立ち、歌やダンスを披露する。審査員席には芸能事務所の担当者がずらりと座り、いいと思う子がいたらその場で札をあげて採用の意思を表明する。いわばその場でアイドルへの第一歩が確約される。

このやり方を公共空間活用に応用してみた。公共空間を使って新しいコンテンツを展開したい人がステージにあがり、自治体を相手にプレゼンテーションをする。その上でそのプランを実現するための条件（公共空間の種類、エリア、実施期間など）を伝える。審査員席には自治体のトップがずらりと座り、そのプレゼンテーションを聞き、条件をクリアする公共空間を提供できる可能性があり、そのコンテンツを実現したいと思ったら手元の札をあげ、お見合い成功！

使われなくなった公共空間を持てあます現在、事業者も自治体も営業マインドを持って、自らチャンスを掴みとりにいかなければならない未来が近いうちにやってくる。（飯石）

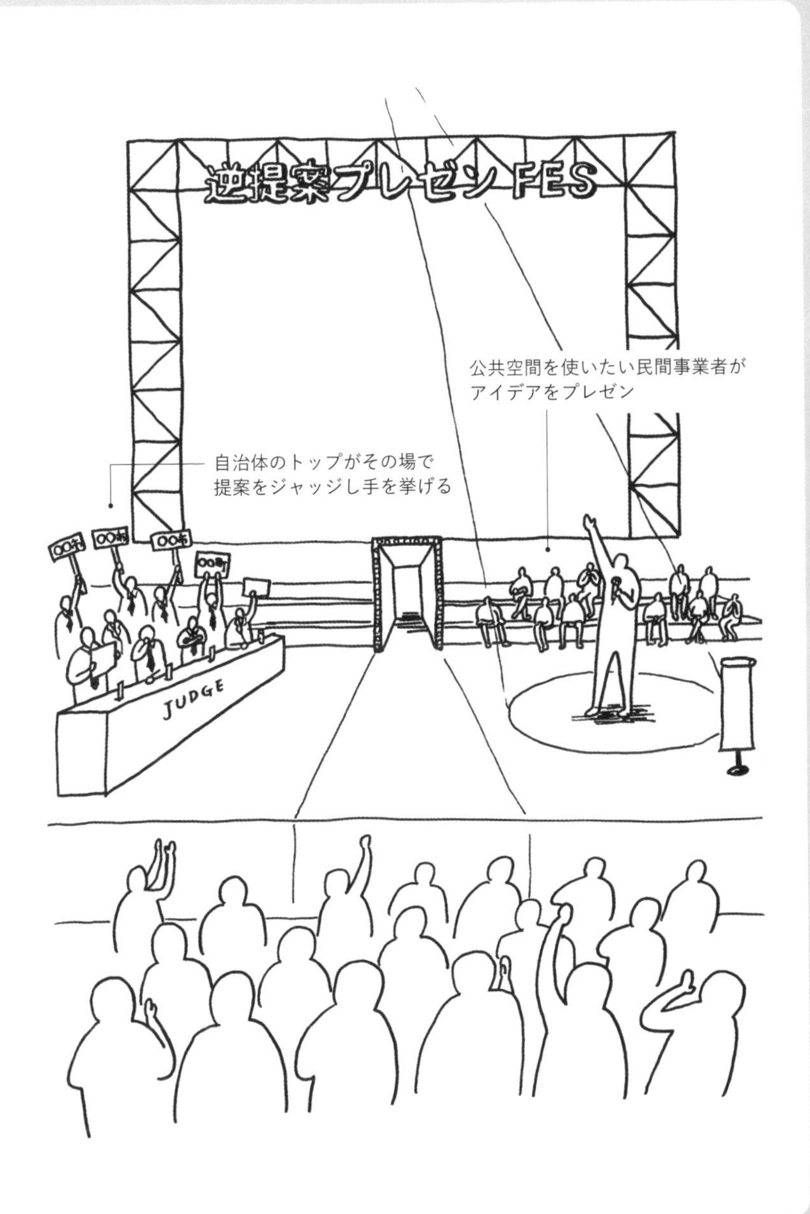
逆提案プレゼンFES
公共空間を使いたい民間事業者が
アイデアをプレゼン
自治体のトップがその場で
提案をジャッジし手を挙げる
JUDGE

2.

仮設で使ってみる

- 暫定利用

使い道の決まっていない空間があれば、仮設で使ってみるのもいい。建物を建てるには許可もお金も必要だし、その後の維持管理を考えなくてはいけない。でも、キッチンカーや屋台、仮設の施設なら、初期投資を抑えつつ、「暫定利用」することで、空間の持つポテンシャルを探ることができる。

行政所有の土地だけでなく、民間所有の土地でも、建物が建つ前の更地は暫定利用にぴったりだ。使われていない期間を有効活用しながら利益を生みだすことができるし、暫定利用が好評なら、恒久利用にそのままシフトしてもいい。

本章では、公共空間を活用する第2ステップとして、「仮設で使ってみる」というアプローチを紹介する。

上 ケージの中の屋外空間では、ライブパフォーマンスなどのイベントが日々行われている
下 京王線の高架下に突如現れる金網のケージ

下北沢ケージ

まちのコンテンツと出会う高架下

転用パターン：高架下 → 飲食・イベントスペース	開業年：2016年	
所在地：東京都世田谷区	運営者：京王電鉄株式会社、株式会社スピーク、株式会社東京ピストル	

まちに開かれた金網のケージ

演劇のシアターやライブハウスなどが集積するカルチャーのまち、下北沢。京王井の頭線下北沢駅から徒歩3分の高架下の空間が、2016年夏よりユニークなオープンスペースへと生まれ変わった。「下北沢ケージ」は、金網フェンスに囲まれた面積約200㎡の屋外スペース。日中はまちのポケットパークとして開放され、誰もが自由に出入りすることができる。夕方からは併設の飲食店舗（アジア屋台料理の店「ロンヴァクアン」）の屋外客席やテイクアウトバーとなり、思い思いに食事や宴を楽しめるナイトマーケットのような空間となる。

この場所のコンセプトは、地元のショップや劇場、ライブハウスなどで展開される「まちのコンテンツ」を通りがかった人たちに発見してもらうこと。地元の古着屋、レコード屋、雑貨屋、古本屋などが集まり、月に数回マーケットが開かれている。また、表現者やクリエイターが多い土地ならではのアート・パフォーマンスも行われている。屋内で行われる演劇やライブなどは一部の人しか足を運ばないが、オープンスペースで行うと、「何か面白そう」と道行く人が足を止め、まちの文化に自然とつながっていく。

下北沢ケージは、京王電鉄が進めている井の頭線高架橋化工事の一部完了に伴い、利用可能となった高架下空間を3年間の期間限定で有効活用する事業「KEIO BRIDGE Shimokitazawa」の一環だ。運営をしているのは、東京R不動産を運営する会社スピークと、編集プロダクションの東京ピストル。この3社がタッグを組み、まちの表現拠点、コミュニケーションスペースの新たな可能性を開拓している。（清水）

COMMUNE 2nd

暫定利用地をポジティブに変える屋台村

転用パターン：空き地 → 飲食店＋シェアオフィス	開業年：2012年	ETC.
所在地：東京都港区	運営者：株式会社コミューン	

都心の祝祭空間

青山通りを歩いていると突然現れる、たくさんの屋台とキッチンカー。お祭りのような空間に、つい足を止めてしまう。「COMMUNE 2nd（コミューン セカンド）」は、個性あふれる飲食店やシェアオフィスが集まる屋外スペースだ。迷路のように入り組んだ土地に仮設構造物が並ぶ、都心には珍しい空間だが、ここに屋外空間を暫定利用する工夫が数多く施されている。

始まりは2012年、都市再生機構（以下、UR）がまちづくり用地の暫定利用のために事業者を公募し、カフェカンパニーが事業主体となり、メディアサーフコミュニケーションズを運営会社として、2014年までの2年間限定で「246 COMMON」がオープンした。その後、再びURが公募を開始し、株式会社コミューンを事業運営会社として「COMMUNE 246」がスタート。2017年に「COMMUNE 2nd」としてリニューアルされるなど、2年更新で暫定利用が続いている。

不整形地の魅力

屋台村のような空間が成り立つ背景には、二つの特徴がある。

一つは、まちづくり用地として使途が決まっていないこともあり、土地が不整形地であることだ。奥行きはあるが間口が狭く、一見すると使いにくそうである。しかし、逆にその空間特性が先に行ってみたくなる感覚を醸しだしている。屋外に多様な居場所が用意されていることで、好きな店とお気に入りの場所を選ぶことができ、気軽に立ち寄れる、開かれた空間になっている。

タイヤを付ければ非建築物

二つ目の特徴は、ほとんどの店にタイヤが付いていることだ。通常、建築物を建てるには建築確認申請や基礎工事が必要だが、申請には手間と時間がかかる上に、今回のように暫定利用を前提としている場合でも、工事費や固定資産税がかかってしまう。しかし、キッチンカーをはじめとする車両であれば、「建築物」に該当しない「非建築物」の扱いになるため、申請も基礎工事も必要ない。ここにある店が今にも動きだしそうなデザインになっているのは、暫定利用に適応するために必然的に生まれたものである。

車両として見なされるには、いくつかの条件（随時かつ任意に移動できる、設備配線や配管等を簡易に着脱できるなど）があるが、それらをクリアすれば、トレーラーハウスやトレーラーに載せたコンテナも同様の扱いになる。

今回の事例のような暫定利用の場合はもちろん、短期間のイベントや屋外空間を一時的に利用したいケースには、車両を使うことで柔軟な空間活用が可能になる。（加藤）

車両に該当するもの
（非建築物）

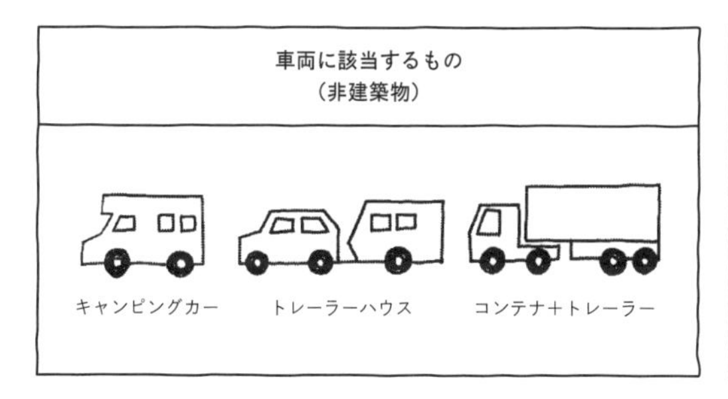

車両に該当しないもの
（建築物）

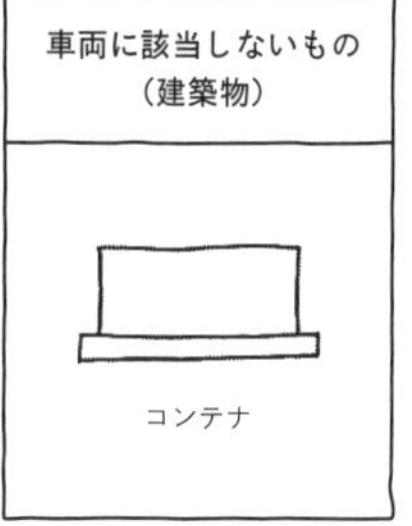

車両（非建築物）と建築物の違い

Commune 2nd
Sorry
WE ARE
closed
OPEN
11:00~22:00

Today's Thai Curry
Green Curry
よなよなエール
はじめました。
Open

上左 細長い敷地が魅力に変わる／上右 夜間はオープンダイニングのような空間に
下 青山通りから人々が引き込まれる

あそべるとよた
プロジェクト

中心市街地を使いつくす壮大な実験

転用パターン：駅周辺の公共空間→市民のくつろぎ・活動の場	開業年：2015年
所在地：愛知県豊田市	運営者：あそべるとよた推進協議会

公有地と私有地の垣根を取り払う

豊田市駅前のペデストリアンデッキの風景が一変した。以前はだだっ広く通過するだけの空間だったが、今では人々がおしゃべりしたり、ビールを傾けたり、思い思いに過ごすリラックスした空気が流れる。

この大胆な変身の仕掛人は、意外にも豊田市と豊田市中心市街地活性化協議会、再開発ビルの管理者率いるおカタいプロジェクトチームだ。「まちなかを本気であそぶ、使いこなす！」というスローガンのもと、公共空間を使い倒すための壮大な社会実験として、2015年「あそべるとよたプロジェクト」がスタート。初年度は10月から1カ月間、駅周辺の道路や公園など九つの公共空間をオープン化し、カフェ、朝ヨガ、木育など31のプロジェクトが実施された。ステージには公有地だけでなく民有地も含む9カ所が選ばれた。ポテンシャルを発揮していない遊休空間の状況は公有地も民有地も同じだ。民有地には既存の使用ルールが存在したが、交渉を重ねて利用ルールや料金を統一し、公民の空間をすべて同じスキームで開放することを目指した。行政にとっては今後市民が公共空間を使いやすくするためのルールづくりの契機となった。

道路を広場に用途変更する

豊田市はトヨタ自動車のお膝元。日本屈指の裕福な自治体であり、公共空間も潤沢だ。問題は、それらが使われず、むしろまちに寂しい印象を与えていることだ。その原因が、使われ方を想定せずに整備したことにあるという問題意識のもと、市がこの企画のイニシアティブをとった。しかし、整備者自身である行政が主体となったところで、公共空間は一夜にして使えるようにはならず、さまざまな壁にぶつかった。たとえばペデストリアンデッキに設置したバー。ペデストリアンデッキは、車道上空の歩行者専用道路に当たる。道路交通法の適用エリアでの営業行為は原則禁止で、利用には最大限安全に配慮し、歩行を妨げないよう道路管理者（自治体）および警察との協議が必要だ。そこで､社会実験を実施して市民の安全とニーズを証明するデータを収集し、デッキの一部を「道路」から「広場」に用途変更することで、ようやくバーを実現した。当初、１カ月のプロジェクトとして仮設したバーは、常設化に向け毎年実施期間の延長を行い、今では市民に愛される溜まり場となっている。

利用者を当事者に変えるしくみ

物理的に公共空間を使える状態にすると同時に、使う人たちの意識も育てなければ持続できない。そこで、公共空間とその使い手との関係性にもメスを入れた。従来は、テント等の設備を市側がお膳立てしたブースに出店者が並んでいたが、今回提供したのは場所のみ。あとは公募で手を挙げた事業者・市民団体が利用料を支払い、必要な設備は自前で揃えた。出店者からは不満の声も聞かれたが、万一の時に利用者自身が責任をとることで、利用の自由度を増やすことができるという趣旨を説明し、受け身だった利用者たちも当事者意識を持つようになった。

行政も民間も、同じゴールのためにそれぞれが役割を担う。依存関係でも敵対関係でもなく、チームのような対等な関係が醸成されつつある。その後、プロジェクトは継続され、2017年度で3年目を迎えた。徐々に市民が自由に使える空間を広げながら、義務と権利、責任と自由を再構築する挑戦が続いている。(菊地)

開催期間中、商業施設前の広場（民有地）を含む九つの空間がステージとなった

左 社会実験が行われる前のペデストリアンデッキ／中 社会実験の様子／右 デッキに設置されたバー

BETTARA STAND 日本橋

フレキシブルな「動産」活用

転用パターン：駐車場 → イベント・キッチンスペース	開業年：2016年（〜2018年）	
所在地：東京都中央区	運営者：YADOKARI株式会社	

都心に現れた新しいコミュニティハブ

日本橋のオフィス街の中心に、ぽっかりと空いた屋外空間がある。ちょうちんが灯る時間になると、夜な夜な楽しげなイベントが開催され、どこからともなく人が集まってくる。

このイベントスペース「BETTARA STAND（ベッタラスタンド）日本橋」を仕掛けるのは、ミニマムライフやタイニーハウスのムーブメントを牽引する会社YADOKARIだ。「人が集まる神社境内のような安らぎ、賑わい」をコンセプトに、これまで日本橋エリアを訪れたことがない人と地元の人が交流できるスペースを運営している。

敷地は、某ディベロッパーが所有する駐車場を期間限定で活用している。150㎡ほどのコンパクトな場所だが、タイヤ付きのキッチンスペースと屋根のないフロア、移動可能な家具で構成されており、フレキシブルに使うことができる。冬はちょっと寒そうだが、ビニールカーテンやコタツで暖を取るアウトドア感が、逆に魅力的だ。

2016年のオープン以来、年間約350本のイベントを開催。施設のDIYワークショップからライフスタイルに関するトークイベントまで、多様な企画が催されている。また、来場者の半分がリピーターで、残り半分は初めて訪れた人という構成比率も面白い。事業者が運営するメディアの力に加え、「コミュニティビルダー」と呼ばれる現場スタッフが、さまざまな人をつなぎ、アットホームなコミュニティの形成を促している。（加藤）

上 オフィス街の駐車場に現れた動産空間／下 フレキシブルなイベントスペース

上 空港跡地をワイルドに使いこなすベルリン市民／下 誰もが自由に使える共有の庭

テンペルホーフ空港

市民の自由を守る都市の余白

転用パターン：空港 → 公園	開業年：2014年	ETC.
所在地：ドイツ・ベルリン市	運営者：ベルリン市	

380haの巨大な空き地を市民の共有の庭へ

ベルリン中心部からほど近い場所に広がる、茫漠とした風景。公園としてつくられたにしては、あまりにも広すぎる。それもそのはず、ここは第二次世界大戦中に軍事飛行場として使われていた場所だ。その後、国際空港として利用されたが、2008年に閉鎖。380haもの巨大な空き地ができた。

行政が空港跡地の活用案として、大規模な施設の建設や企業への売却などを提示したところ、市民の大反対を受け、2014年に暫定利用の方法について市民投票が行われる。その結果、開発計画は白紙に戻され、現在は市民の憩いの場として、日光浴やサイクリング、バーベキューからスポーツまで、思い思いに使われている。

敷地の一画には、NPO「Gemeinschaftsgarten Allmende-Kontor e.V.(共同の庭・アルメンデ事務所)」が運営する「アーバンガーデン」という共有の庭がある。土地の所有者である市と、NPOが賃貸契約を結び、寄付や会費、庭の利用料から賃料を支払っている。ここでも市民は、作物を育てたり、家具を置いて家族とくつろいだりと、自由に空間を使っている。特徴は、柵などの境界がないことで、あらゆる人に開かれた共有空間であることが意識されている。

ドイツでは、ここ以外にも、空き地を利用者が維持管理する代わりに、所有者から暫定利用許可を得るアーバンガーデンの取り組みが全国に広がっている。開発が進むベルリンでは、放っておけば高層ビルが立ち並ぶ。そのような状況下で、自分たちの住むまちを、自らつくり、維持していくことが大事にされているようだ。(加藤)

COLUMN 2

暫定利用と連動した クリエイティブな再開発

まちの記憶を消す再開発

ここ数年、高度経済成長期に建てられた公共施設が寿命に近づき、一斉に建て替えや改修、利活用の動きが加速している。通常、公共施設は、各自治体による「総合管理計画」により状況を整理し、今後の方向性についての協議を経て、建て替え方針が出される。それをベースに設計事業者や運営事業者を募集する、という流れが一般的だ。

しかし人口が減っているにもかかわらず、建て替える際は容積率をめいっぱい上げて収益を出せるように事業試算をするという前時代的な思想がまだまだ一般的であるがゆえに、問題が噴出している。そうやって建て替えを実行した後に起きるのは、竣工直後から空室になってしまう「抜け殻状態」だ。特に地方都市の再開発ではこのような現象が多発しており、行政財政を圧迫している。

さらに大きな問題なのは、再開発によって、まちの記憶がごっそりなくなることだ。昔ながらの居酒屋や横丁、地元に愛された店が再開発により姿を消して、ナショナルチェーンが軒を連ねる商業施設になってしまう。まちに息づいていた文化が、そこで断ち切られてしまうのだ。駅前一等地の再開発で建てられたビルは地価が高騰しすぎて、地元テナントが入る余地がないから当然の結末だ。

この再開発の歪んだ構造を解決することはできないだろうか。そんなことを考えていたら、コペンハーゲンで興味深い事例に出会った。

暫定利用の盛り上がりを本開発につなぐ

世界で最も幸福度の高い国、デンマークの首都コペンハーゲンで新たな開発が進んでいるウォーターフロントエリア。その一角に、「Paper Island

(Papirøen、ペーパーアイランド)」といわれる島がある。船舶を使った物流が主流だった時代、この島は印刷工場や大量の書類を保管しておく倉庫として機能していた。しかし、情報媒体が紙からデジタルへ移行した現在、その役割が見直されることになる。コペンハーゲン市は、ペーパーアイランドを本格的に再開発する前の暫定期間、この島を世界中のストリートフードで盛り上げるというコンセプトを立てて動きだす。そこで期間限定で誕生したのが、「Copenhagen Street Food（コペンハーゲン・ストリートフード、以下 CSF)」という施設だ。

CSF は2017年までの5年間限定で2012年にオープン。天井の高い元倉庫をそのまま使い、30を超える世界中のフード屋台が立ち並ぶ。デンマーク料理はもちろん、メキシコ、フランス、トルコ、韓国、もちろん日本も。世界中の料理が食べられるので、地元の人々は大喜び。屋外にせり出した飲食スペースはいつも満席。市民が仕事帰りに立ち寄る人気スポットになった。

どの屋台のフードもこだわりがあり、何より美味しい。それもそのはず、CSF での出店には、人気レストランを経営する審査員たちの厳しいチェックをクリアする必要がある。CSF に並ぶ屋台は定期的に見直しを図り、質の高い屋台だけが新陳代謝しながら残っていくしくみになっている。そして、暫定的な運営ということから、屋台の素材はリサイクルできるものだけを使うという条件まで設定されている。見た目だけでなく、倉庫が取り壊しになる先のことまで見据えてデザインされているのだ。

そしてこの CSF の最も大きな特徴は、出店している屋台オーナーが、将来の再開発への道筋を一緒に描けるということにある。売り上げ上位の屋台は、CSF が終了した後のペーパーアイランドの活用方法について、自身の特徴を活かして優先的に関わることができるというインセンティブを設計した。これが従前型の再開発とは大きく異なる点だ。

この CSF の事例は、暫定利用の枠組みを再開発に効果的に活用した好例といえる。暫定利用期間に人の集まる飲食施設をつくり、場所の認知度を上げ、将来その跡地に建つ施設に入居する優秀なテナント事業者も発掘

COLUMN2

するという仕掛けをつくった。人気店が将来の施設にテナントとして入居できるというストーリーは、未来の店のファンの獲得につながるし、出店者も本出店を目指して切磋琢磨していくので、全体としてフード屋台のクオリティが上がっていく。

まっさらなまちをつくっても…

日本では、再開発前の土地は更地になって使われていない。人がいなくなり、徐々にまちの記憶から薄れていったタイミングで、一気に巨大な施設が立ち上がるというケースが多い。

まちの記憶を感じるには、整然とした街並みだけでなく、こっそり隠れて楽しめる小さな店があったり、顔なじみのマスターがいるバーがあったりと、猥雑な要素が欠かせない。匂い立つようなまちの要素を、どうヒューマンスケールを超えた再開発と共存させていくのか。このCSFの事例はそんな日本の再開発に大きなヒントを与えてくれる。

2017年末にCSFは惜しまれながらクローズし、再開発に向けた検討が始まっている。どんな施設ができるのか今から楽しみだ。(飯石)

新たな開発が進むコペンハーゲンのウォーターフロントにあるペーパーアイランド

上 世界各国のフード屋台が並ぶコペンハーゲン・ストリートフード／下 古い倉庫をリノベーションした店内

3.

使い方を提案する
- サウンディング

どこにでもある公共空間も、見方を変えれば可能性の宝庫。たとえば、見晴らしのよい公園でアウドドアシアターをやってみたい。庁舎の壁をグラフィティアートで埋め尽くしたい。病院の病室をホテルの客室にしてみたい。

こんなワクワクするアイデアが生まれたら、行政機関に提案してみよう。一部の行政機関では、活用事業者を募集する前にヒアリングをして可能性を探る制度や、民間から活用提案ができる制度など、民間が持つ面白いアイデアを収集する工夫が試行されている。

本章では、公共空間を活用する第3ステップとして、「使い方を提案する」ためのアプローチを紹介する。

Shibamata FU-TEN Bed and Local

所有×運営×設計の新たなフレームワーク

転用パターン：職員寮 → 宿泊施設	開業年：2017年	ETC.
所在地：東京都葛飾区	運営者：株式会社 R.project	

元祖バックパッカー・寅さんの故郷

柴又駅を出ると、下町の情緒漂う商店街が広がる。そんな葛飾区柴又にバックパッカー向けの宿泊施設「Shibamata FU-TEN Bed and Local（柴又ふーてん ベッド アンド ローカル）」が2017年にオープンした。周辺の住宅街の中にとけ込むようにひっそりと佇むこの建物、かつては葛飾区の旧柴又職員寮だったものをコンバージョンした。国内外から観光客が訪れるだけでなく、近隣住民のコモンスペースとしても親しまれている。

柴又は映画「男はつらいよ」の舞台となったまち。思いのまま自由に旅をする寅さんは、まさに日本の「元祖バックパッカー」と言える。そんな寅さんのような旅人が集う中継地点として、この宿は誕生した。

柴又には帝釈天やそこへ続く参道商店街など、歴史的な名所も多数存在する。東京の観光スポットとして多くの人に親しまれるまちだが、都心からのアクセスが不便なこと、周辺に宿泊施設がないことなど、観光地として課題を抱えていた。また、地域の高齢化が進行し、単身世帯のお年寄りたちが集う場所も求められていた。

自治体、運営者、設計者の連携プレー

そんななか行われたのが、総務省による「公共施設オープン・リノベー

ション・マッチングコンペティション」。自治体が使われていない公共施設を総務省のホームページにアップし、民間から活用案を募集。民間からの応募があったら、自治体が運営事業者や建築家とチームアップして、公共空間の活用手法を総務省に共同提案する。審査委員会を経ていくつかのプロジェクトが採択され、総務省が自治体と委託契約を結び事業化し、企画や設計費用を支援する。

このコンペに注目したのが、首都圏を中心に公共施設を借り受けて合宿施設などを運営する会社 R.project（インタビュー p.112参照）。柴又が持つポテンシャルを見極め、バジェットトラベルの可能性を見出した事業計画を立て、見事コンペで採択された。

葛飾区が施設を貸しだすために最低限必要な外壁の補修、水道や電気の工事などを負担し、R.project が宿泊施設にするための改修工事を行い、賃料を支払って葛飾区から施設を借り受け運営している。

設計は OpenA ＋塚越宮下設計。1階は大幅な改修を行い、食堂や水回りなどの共用部を配置。2〜4階は既存の造りを活かしたゲストルームとなっている。1階のキッチン、食堂、テラス、庭は、宿泊客だけでなく近隣住民も自由に出入りすることができるコモンスペースだ。

Shibamata FU-TEN は、都内のホステル事業で公共施設が活用された初めての事例だ。施設のオーナーが行政であることのメリットの一つは、行政と連携して PR が行えること。住宅街において外国人観光客も対象にした宿泊事業を行う場合、近隣住民の不安を解消する必要があり、区と一緒に行えることは非常に心強い。また、このエリアの発信力を強化するのも、区と共同で取り組めると効率的だ。

自治体、運営事業者、設計者がタッグを組んで挑んだこのプロジェクトは、行政の財政を圧迫している遊休公共空間を活用する新たなフレームワークを提示している。（清水）

上 寅さんの帽子をモチーフにした大きなサインが目印
下 ラウンジには宿泊者や近隣住民などさまざまな人が集う

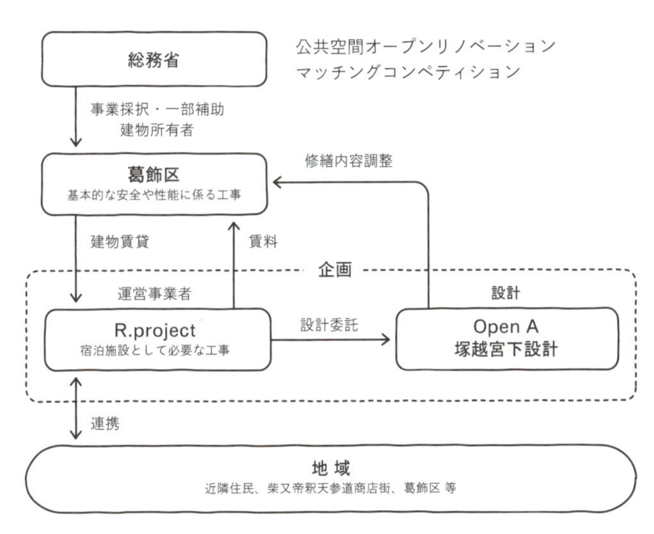

Shibamata FU-TEN の活用スキーム

既存状態で残した部屋をアーティストがアートルームにするプロジェクトも進行中

Kaikado Café

公共施設のブラックボックスをあける

転用パターン：倉庫 → カフェ	開業年：2016年	
所在地：京都府京都市	運営者：株式会社開化堂	

市電の倉庫が文化を発信するカフェに

使われなくなった公共施設の活用方法はいつ、誰が決定しているのか。不動産サイトを探しても出てこないし、多くの人にとってその流通経路はブラックボックスではないだろうか。それが、遊休公共施設が一向に使われない理由の一つといえる。一方､公共施設を利用する手続きが非常にオープンなまちがある。意外にも、それは保守的なイメージの強い京都市だ。たとえば、2016年に河原町七条にオープンした「Kaikado Café（開化堂カフェ）」。1927（昭和2）年に竣工した市電の倉庫兼事務所（旧京都市電内濱架線事務所）を開化堂が購入し、カフェにリノベーションした。

開化堂といえば明治8年創業の老舗である。美しい形と高い気密性を持つ銅や真鍮製の茶筒で知られる。同社がそうした日本の伝統技術に実際に触れられる空間をつくりたいとカフェ事業を立ち上げ、その場所に選ばれたのが、創業と同時期に建てられたこの物件だった。

外観はほぼ当時のまま。内部の壁面は下半分を残し、上半分はシンプルな白い塗装で仕上げた。レトロなドアノブは市電のハンドルを再利用するなど、当時の記憶をなるべくそのまま閉じ込めるよう工夫されている。立地は繁華街から少し離れているが、近年ゲストハウスやシェアオフィス、個性的な飲食店が増え、ホットなスポットになりつつあるエリアだ。

民間からの公共施設の活用提案

このカフェが生まれるきっかけとなったのが「京都市資産有効活用市民

等提案制度」だ。京都市のウェブサイト上に、提案を受けつけている市有施設の一覧が公開されており、そのリストから施設を使いたい個人・法人が市に提案すれば、役所内で検討する。適切と判断されれば、公募プロセスに入り、複数の提案から最も適切なものが採用されるしくみだ。

2015年3月、京都市が開化堂からの提案を受け、5月に公募を開始。最低価格約6400万円、耐震も含めた改修費用は提案者負担で、市からは歴史的な価値を損なわないこと、近隣に資する事業であることなどが条件として提示された。7月、開化堂が選出され、翌年5月に店舗がオープンした。

公共所有の施設である手前、公平性の担保の観点から公募にかけなければならず、民間企業にとって時間と手間はかかるが、少なくとも提案可能な施設、窓口、その後の手続きフローが明確になっている点は画期的である。このようなオープンな制度を持つ自治体は日本にまだ片手で数えるくらいしかない。

京都だからできるという特別感があるのは否めないが、このカフェについては市の職員も存在を忘れていたような施設への不意な提案だったという。公民連携の原則として、公共が民間のノウハウを最大限活かすために、チャンスを広げておくことがいかに重要かを物語るストーリーだ。（菊地）

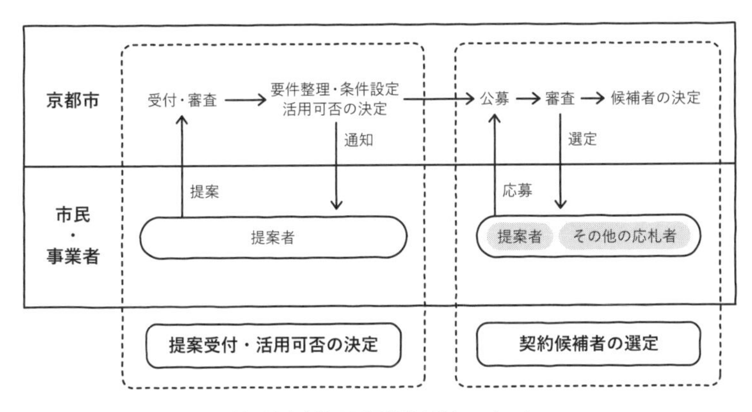

京都市資産有効活用市民等提案制度のスキーム

上 建設当時からほとんど改修されていないファサード
下 元作業空間だった1階部分は5mの高い天井が気持ちいい

上左 猫が住みついてしまい迷惑施設だった改修前の様子／上右 レトロな壁面など面影が残る
下 什器にも京都の伝統の技が活かされている

THE BAYS

クリエイティブな公民連携で最適解を引きだす

転用パターン：行政施設 → 複合施設	開業年：2017年
所在地：神奈川県横浜市	運営者：株式会社横浜 DeNA ベイスターズ

スポーツ×クリエイティブの新たなランドマーク

関内駅から大通公園を通り、日本大通りに抜けると目に入るレトロで重厚な建物が「THE BAYS（ザ・ベイス）」だ。コンセプトは「スポーツと街がつながる、ハマの基地」。スタジアムとまちをつなぐ立地でもあり、スポーツ×クリエイティブの拠点として新たな横浜のランドマークとなっている。

1階のブールバードカフェ「&9」では、日本大通りの歩道や中庭がテラス席となり、野球ファン以外も夕涼みしながら一杯立ち寄れる。地下階はフィットネススタジオ、2階のシェアオフィス「CREATIVE SPORTS LAB」には、テントやアウトドアファニチャーがオフィス家具として設えられ、自然の中で遊ぶ感覚で仕事ができそうだ。3階はミーティングルーム兼多目的スタジオ、4階は目の前のスタジアムを運営する球団事務所が入居する。

政策と経済合理性の両立

横浜市は、文化芸術振興などソフト施策とまちづくりなどのハード施策を一体的に取り組む「文化芸術創造都市＝クリエイティブシティ」政策に取り組んできた。日本有数の港町として歴史的建造物も多く、活用にも積極的だ。市の指定有形文化財であるこの旧関東財務局横浜財務事務所の活用には、民間の意向を丁寧に取り入れ、経済合理性と政策目的のバランスが最適となるよう「サウンディング型公募」が採用された。

サウンディング型公募は、公民連携をミッションに設立された市長直轄の共創推進室で開発された手法だ。行政が公募の前段階で公有資産を活用する民間事業者の意向をある程度把握し、行政側の意図を伝えて両者の食い違いを最小化するプロセスだ（p.78参照）。公平性の観点から、民間にヒアリングを行うことを躊躇する自治体も多いなか、それを正式な手続きとしてルール化した横浜市の功績は大きい。現在では日本中にこの手法が広がっている。横浜市では、民間活用に適した案件では、対象施設の管轄部署と共創推進室が常にタッグを組んでサウンディング型で募集を行う。公民連携ノウハウを1部署に蓄積させるとともにどの部署でもそのスキルが使える戦略的な体制がとられている。

築90年の文化財をどう活かす

THE BAYSの建物は1928年に日本綿花横浜支店として建てられ、1960年に関東財務局横浜財務事務所として使われるようになり、2003年に横浜市が取得。その後は芸術文化に関わる市民活動、若手アーティストの創造活動の支援拠点「ZAIM（ザイム）」として活用されてきた。

老朽化で耐震性能への懸念が高まり、2010年に閉鎖。2012年に横浜市がサウンディング調査を開始し、2015年に横浜DeNAベイスターズが9社の応募者から運営事業者として選定された。市民球団のオーナーであり、エンターテインメント的な事業要素が強いこと、また自社の事務所をここに移転することなどが評価された。横浜市が耐震補強と躯体改修工事を行い、建物および中庭を一括して15年間の定期建物賃貸借契約により貸し付ける条件で、募集時の貸付料は月額262万9666円（税別）。

検討開始から施設オープンまで足掛け7年。プロジェクトのスピード感に官民の感覚のズレが如実に現れると言われるが、歴史、文化・スポーツ振興、建物性能、民間企業の経済性など複雑に絡みあう要素を絶妙なバランスで成り立たせるのは至難の技だ。しかし、最終的な評価は、市民に愛されるスポットとして成長するかどうかで決まる。これからが本番だ。（菊地）

上 関東財務局として使われていたほぼ当時のままの外観。市の指定有形文化財
下 アウトドアファニチャーが設えられたCREATIVE SPORTS LAB

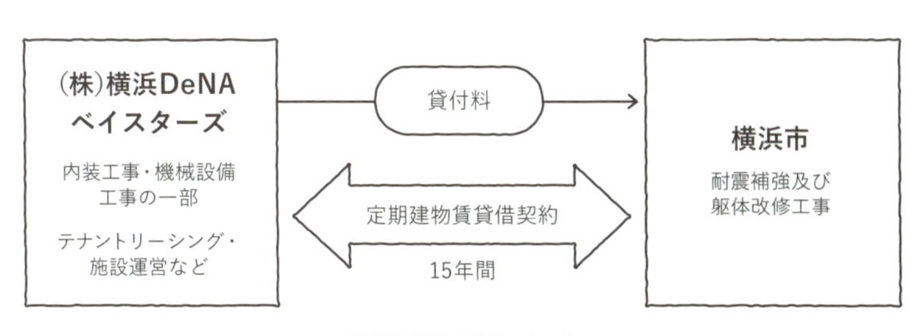

THE BAYS の活用スキーム

上 野球観戦しながらクラフトビールを飲めるブールバードカフェ／下左 1階に入るライフスタイルショップには横浜 DeNA ベイスターズのファングッズが並ぶ／下右 地階のフィットネススタジオ

COLUMN3

公募プロセスを変革する民間提案制度

公民連携の肝は公募要項にあり

行政と民間が連携してプロジェクトを進める際のポイントは、いかに行政が民間のノウハウやクリエイティビティを引き出せるか、ということに尽きる。これを阻む要素として、まず思いつくのが「公募要項」の存在だ。公募要項とは、行政がある事業を民間に発注するときに募集する要件をまとめた、参加のための説明書のようなものだ。行政が「これをやってください」という要件定義を行い公募要項をつくる段階で、民間事業者のやりたいことや得意なことを発揮する芽を摘んでしまう、あるいは制限してしまうことが課題となっている。行政は民間の運営効率のよさなどに期待して発注するが、それが存分に活かせない結果になってしまうからだ。これを解決すべく、官民の契約プロセスにはさまざまな工夫がなされている。

そもそも、行政と民間企業とでは組織の目的が異なる。行政は「社会便益の最大化」を目的とし、企業は「利益を生みだすこと」を目的としているから、行動基準がまるで異なっている。したがって、行政が企業のノウハウを持っていないことはある意味当然で、企業が潜在力を発揮できるような要項の作成を行政に期待することは難しい。そこで、その官民の意識の差を解消すべく誕生した公募プロセス革命の第一弾が「仕様発注」から「性能発注」への転換だ。つまり、「これをしてください」と、事細かに作業を発注するのではなく、最終的に「こういう風にしてください」という、到達目標を設定することで、そこに到達するまでのプロセスに民間企業の創意工夫が図られるようにしたのだ。

サウンディングとウィッシュリスト

しかし、次に、その到達すべき目標の設定が問題となる。さらなる工夫が必要となり生まれた公募プロセス革命の第二弾が「民間提案制度」だ。行政が実施する事業内容を設定する前段階で、「こんなことに困っています」というニーズだけを提示する。民間がその中から得意なこと、できることをある程度自由に提案するという制度だ。制度が使われだしたのは2010年頃。ざっくり2タイプに分けられる。

一つ目はサウンディングタイプだ。これは事業の実施事業者の公募要項を公表する前段階で、行政が想定している事業内容や、価格、契約形態などの諸条件を仮決めして提示し、それに対して、民間が自由に「自分たちだったらこうします」というアイデアの提案と、それを実現するための条件を提示。行政が提示している条件とのすり合わせを行う対話のことで、主に公共施設や土地活用の公募前に行われる。

サウンディングにも、行政がどこまで決めたタイミングで表に出すのかにより、民間の交渉の余地に段階がある。公募直前のほぼ条件の確定している時点で公募要項に対して民間の意見をもらい微修正を加えるタイプから、かなり初期の想定用途すら決まっていない段階で、民間にアイデアから求めるものまでさまざまだ。より具体的に決定している事項が多いものの方が現実的な意見を求められ、実現の可能性は高まる。一方、条件の緩いものは参加のハードルはぐんと下がるが、実現の可能性は未知数であることが多い。

もう一つのタイプは、ウィッシュリスト型だ。ウィッシュリストとは、もともとクリスマスにほしいものを子どもがサンタにお願いしたり、引越しのときに足りないものを公表するリストのことだ。ここでいうウィッシュリスト型の民間活用制度とは、2002年アメリカ・バージニア州のPPEA法の制定から始まり、市役所に懸案事業の一覧が掲げられ、民間事業者がその中から実施したい事業を選んで提案するしくみのことを指す(アメリカの場合は事業の提案ではなく、公募要項自体を民間が審査料を支払って行政に提案する、さらに進んだしくみだ)。

日本では、我孫子市と流山市が全国に先駆けてこのしくみを取り入れた。

我孫子市では公有資産だけなく、行政の業務全般を約3000のタスクに

COLUMN3

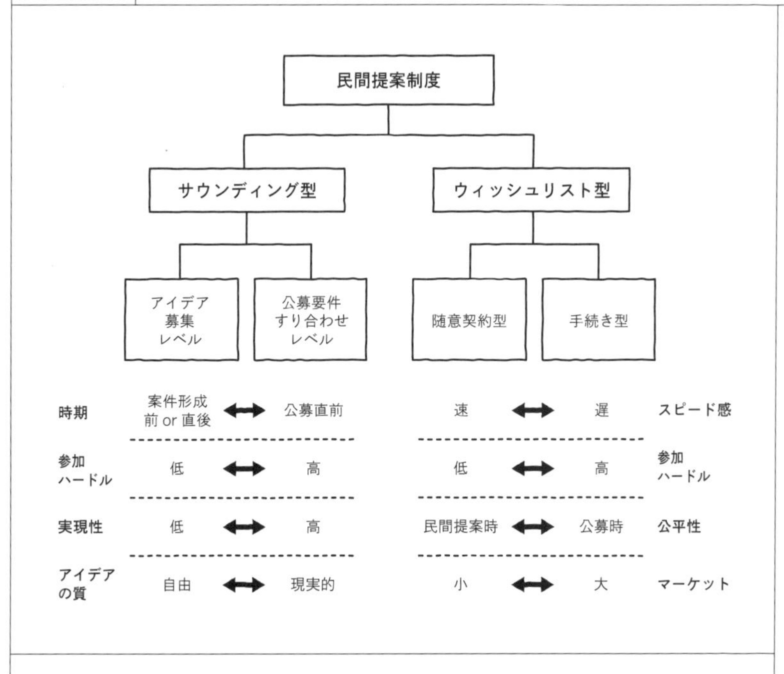

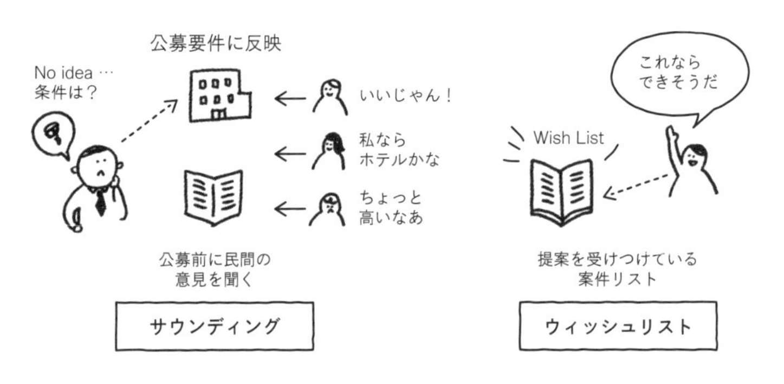

分けて提示し、その中から民間事業者が効率化できるものについて提案を求めた。結果、バラバラに管理されていた複数の公共施設を一括して一事業者が管理することでコストを削減する提案などが取り入れられた。

また流山市では、提案を受けつける公有資産のリストを公表し、民間事業者の提案期間を設け、その期間内にあった提案について、随時関係部署を集めて協議し､両者のニーズが合ったものは事業化するというしくみだ。行政支出がないことが最低条件となっている。

ウィッシュリスト型にもバリエーションがある。行政が民間から提案を受け取った後、事業者を決定するまでのプロセスが主な違いだ。流山市の制度が画期的とされるのは、民間からの提案に対し、行政のニーズと合致さえすれば、その事業は公募にかけられることなく、そのまま行政と提案した企業が随意契約を結ぶという点にある（募集事業のリストを公開している時点で、公共性の担保はできているという立場をとっている)。他方、たとえば類似した制度を取り入れている京都市では、民間からの提案を受け取り、審査後、他事業者からも提案を広く募集し直すという公募プロセスをとる。流山モデルはスピード重視であり、京都モデルは最適の事業者を選定できるという､それぞれにメリットがある。非常に有効な制度だが、日本で実践している自治体は数えるほどしかない。

クリアすべき課題

最後に、民間提案制度を取り入れる際に、常に議論となる知的財産権について触れておきたい。公募前段階で、ある民間のアイデアを行政が採用した際、そのアイデアの価値や権利は誰に帰属すべきか、ということだ。特に、そのアイデアを出した事業者と、公募で決定した実施事業者が異なる場合、最初のアイデアを出した事業者はなんらかの恩恵を受けなくていいのだろうか。その不公平さを解消するために、サウンディングで採用された提案に対しては、本公募の際に審査で加点されるという手法も検討されている。

民間提案制度は、行政で情報や課題を抱え込まず、早い段階から情報を公開することで、多くのプレイヤーを巻き込んで都市経営課題を解決していく非常に有効な制度だ。将来的には、どの自治体もリストを公開することが一般化するのではないだろうか。(菊地)

妄想企画 その3

暫定利用しながら トライアル・サウンディング

昨今、公有資産を使い始める際に、サウンディング調査を通じ事業者と条件を事前にすり合わせることが一般化してきた。それ自体は悪くないが、心配なのは一般化ではなく形骸化だ。大都会の百貨店と片田舎のスーパーが同じ戦略で販売しても売れないように、それぞれのまちの需要は異なり、それに合ったやり方で対応する必要がある。

サウンディング制度の先駆けは横浜市であった（p.74参照）。いわば、大都会の百貨店タイプから誕生した制度は、活用したい民間企業が複数ある売り手市場を想定している。しかし、日本の多くの自治体はすでに買い手市場で、民間企業に施設を「使わせてあげる」のではなく「使ってもらう」状況にある。どちらかといえば片田舎のスーパータイプなのだ。そんな自治体がサウンディングを乗りこなすために妄想したのが「トライアル・サウンディング」だ。

行政と民間が連携してプロジェクトを進めるときに、スピード感の違いが常に問題となる。それを解消するために、暫定利用者を募集し、一定期間、実際に使ってもらいながらサウンディングプロセスを兼ねてしまうのはどうだろう。行政は、事業者の集客、施設との相性、信用などを確認でき、事業者も、立地、使い勝手、必要な設備、投資額などの感触をつかめる。行政と民間の日々の調整が対話となり、その後の事業者公募に反映される。可能であれば最初からこのトライアルで人気だった事業者が優先交渉権者として、そのまま契約できるステップが望ましい。さらに、まちの抱えるすべての未利用施設が常に暫定利用の対象となればなお楽しい。京都市の「Kaikado Café」（p.70参照）のように、行政がまったく目をつけていなかったものが、民間事業者にとっては活用しがいのある物件ということもあるからだ。

暫定利用しながらトライアル営業を許可するという柔軟な運用にするだけで、明日からでも取り入れられる。民間、行政、そしてユーザーとしての住民もトライアルで実際に風景を一度共有し、体験してみるのは実効的で、合意もとりやすく、審査も早い。手続きの軽さやスピード感での差別化は、買い手市場の公共施設マーケットで強みとなるだろう。（菊地）

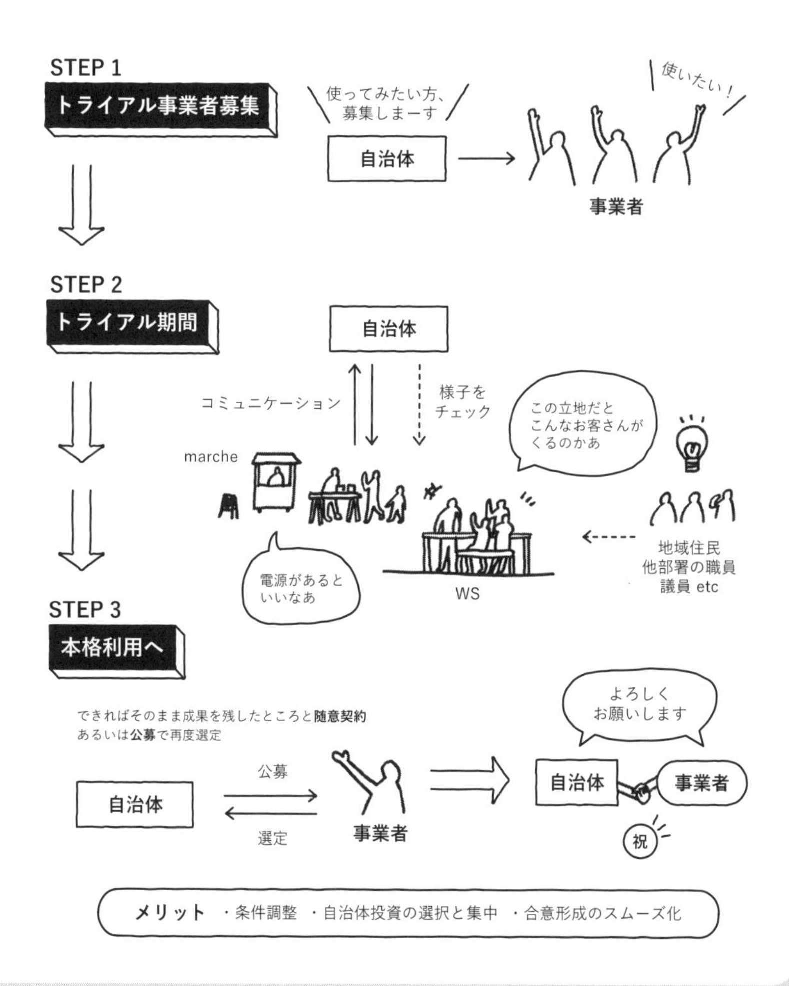

妄想企画 その4

事業者と自治体をつなぐ コーディネート・エージェント

公共R不動産を運営するなかで、公有資産は日本中にあり余っているにもかかわらず、活用がなかなか進まない原因がいくつかわかってきた。その一つは「サイズが大きすぎる」という当たり前すぎてどうしようもない要因だ。大きなハコを使う体力があるのは、大きな企業の大きなビジネスになりがちだ。大企業も公共施設の活用に取り組み始めているが、多くの場合、地方の公共不動産を面白がってくれるようなセンスの持ち主は、地元で地道に頑張ってきた市民団体、地域に愛されてきた店、そしてちょっとやんちゃな起業家だったりする。そういう人たちのやりたいこととビルディングサイズが合っていないのだ。

この問題に対し、すでに二つの解が存在している。一つは、公共施設リノベーションの先進事例として有名な「アーツ千代田 3331」や「世田谷ものづくり学校」のようなマスターリースモデル。もう一つは尾道市の「Ushio Chokolatol（ウシオチョコラトル）」のように大きな施設の一室しか使わない、潔い割り切りモデルだ。

もう一つ、現行の制度を敷衍すればできるのではと妄想しているのが、「（仮称）コーディネート・エージェント」モデルだ。現行のサウンディング調査では、施設の活用希望事業者の意向を聞いて終わりだが、行政からコーディネートを任されたエージェントは、複数の提案事業者のニーズを調整し、必要ならお互いに引き合わせ、時には新規事業の開発を持ちかけ、資金調達の可能性も探り、小さな事業者が複数で施設を活用することで事業が回る状況までもっていくことをミッションとするのはどうだろう。

自治体は事業者の意向をヒアリングしてまとめる調査業務ではなく、「広く公募で可能性を探りつつ、ビジネスの目利き力を持って事業者を選定する代理人」となる事業者を募り、コーディネート・エージェント契約として発注する。もちろん、最終決定権限は自治体に残したまま、エージェントと自治体が密にコミュニケーションをとりながらテナントを最終決定する。エージェントとなる事業者のパブリックマインドと事業構築力が試されるが、そんな柔軟で有機的なプロセスに挑戦してみたい。（菊地）

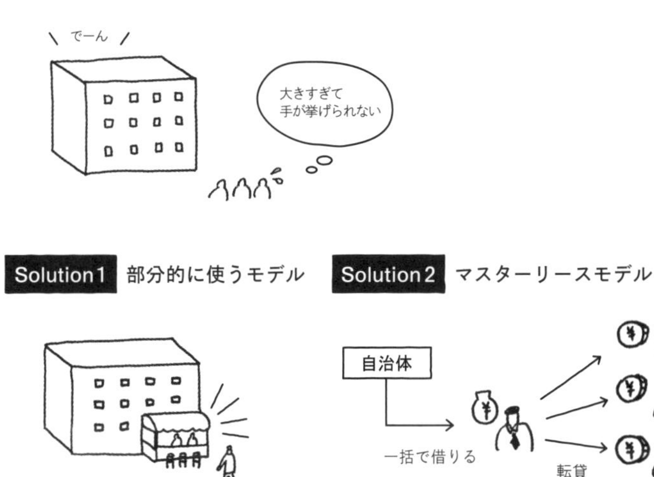

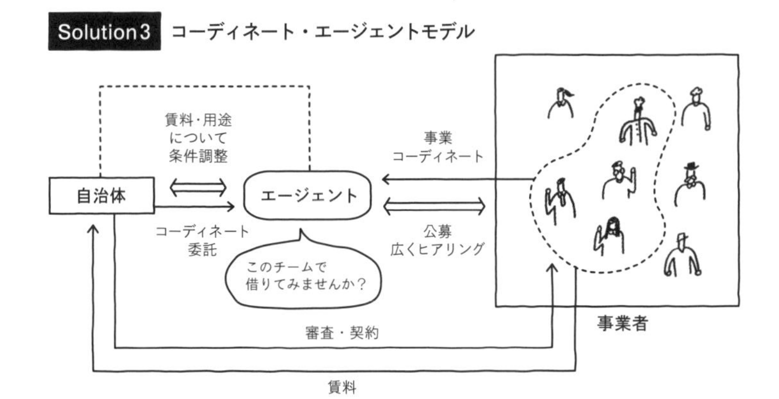

4.

本格的に借りてみる

- 民間貸付

公共空間をある一定期間、継続して活用する準備ができたら、本格的に借りてみよう。所有者に個別に申し入れをしたり、公募に応募したりすることで、公共空間の「借主」になれる。「所有者」ほどの力はないが、できることの幅がぐっと広がるはずだ。

借主になる際の契約条件は、しっかりと見極めたい。賃料を払うのか、収益を還元するのか。コンセッション方式と呼ばれる、営業権を得る手法を使うのか。契約期間は妥当か。あまりに短い期間では、事業継続のための利益も、社会への貢献も生まれない可能性がある。建物の改修や追加投資の費用負担をどうするか。収益をどのように位置づけ、使っていくのかも、明確にする必要がある。

本章では、公共空間を活用する第4ステップとして、「本格的に借りてみる」ためのアプローチを紹介する。

上 校舎は執務のほかにも会議や撮影で使われている。青々とした芝が美しい中庭は社員の憩いの場
下　廊下には撮影やイベントで使うグッズがずらり。制作スペースもある

吉本興業東京本部

小学校を遊び心溢れるオフィスに

転用パターン：小学校 → オフィス	開業年：2008年
所在地：東京都新宿区	運営者：吉本興業株式会社

文化祭のようなワークスペースで働くと

2008年4月1日、新宿区の花園神社の隣にある旧四谷第五小学校の跡地に吉本興業東京本部が「開校」した。この小学校は1934年竣工、現在日本に残る鉄筋コンクリート造の建物として最も古い部類に入り、そのモダンなデザインも魅力的だ。

広い廊下にタレントのグッズやイベントで使用したと思われる看板や着ぐるみが雑然と置かれ、ロボットのアプリ開発などを手がける「よしもとロボット研究所」などがあったりと、独特のユーモアをミックスしながら学校というハコを実にうまく使いこなしている。毎日、文化祭が行われているような空気感が流れている。

新宿区では2005年より、歌舞伎町を誰もが安心して楽しめるまちに再生する歌舞伎町ルネッサンス事業に取り組んでおり、その一環でこの歴史的な小学校跡地の有効利用を模索していた。その一方、吉本興業ではそれまでビルの複数階に分散して入居しており、広いオフィスを探していた。新宿区と吉本興業の思惑が一致して、このプロジェクトが実現した。

築80年近い小学校をオフィスとして使用するのは設備も老朽化しており、決して快適とはいえない。しかし、多様性や創造性が重視される吉本興業という会社において、オフィスに必要以上の機能性は求められないのだろう。真面目に遊ぶことで世の中に笑いを振りまいてくれる会社のオフィスは、やはり最高にハッピーな空間だった。（中谷）

ONOMICHI U2

日本初!? バイクと泊れるホテル

転用パターン:倉庫 → 複合施設(商業・宿泊)	開業年:2014年	ETC.
所在地:広島県尾道市	運営者:株式会社 Onomichi U2	

海運倉庫をサイクリストの聖地に

2014年、尾道市の海岸にオープンした「ONOMICHI U2(オノミチ・ユーツー)」。サイクリストの聖地・しまなみ海道の一拠点として、73年の元海運倉庫をコンバージョンした複合施設だ。元倉庫だった大空間にホテル、ベーカリー、カフェ、レストラン、ライフスタイルショップ、そして自転車のメンテナンスやレンタサイクルにも対応する自転車メーカーのショップがシームレスに並んでおり、オープンで活気がある。もちろん全館自転車の乗り入れが可能だ。建物の南側には瀬戸内海が見渡せるウッドデッキが遊歩道のように続き、イベントにも利用できる。

施設全体の約3分の2を占める「HOTEL CYCLE(ホテル サイクル)」は自転車に乗ったままチェックインできる。お気に入りのバイクと一緒に泊れるホテルは恐らく日本初だろう。宿泊客にはインバウンドのサイクリストも多く、海外の宿にいるかのような錯覚に陥る。

県と市と民間企業の連携

2012年に広島県が海運倉庫の活用事業者を公募。特定の用途指定のない自由度の高い公募で「年間15万人の観光客を生みだす」ことに寄与する拠点となることが要件だった。ツネイシヒューマンサービス、ディスカバーリンクせとうち(DLS)と設計者のサポーズデザインオフィスが共同で提案し、採用された。行政が地元企業のツネイシヒューマンサービスに目的外使用許可とともに貸し付け、DLSが運営を担う。DLSはオープニングスタッフ約50名を雇用、施設内のほとんどのコンテンツを自社で運営する。

総事業費は約5億円。施設整備には県や市からの補助もあったが、基本的には事業者が負担している。公有財産が対象の貸付では担保もとれず、本来は融資目線に乗らない案件だ。しかし、コンセプトに共感した広島銀行が尽力し、民間都市開発推進機構から6300万円の出資を受けることができた。ウッドデッキ部分は、県が整備し尾道市に管理を委託、DLSは市に利用許可を申請して使用。市と県と民間企業が連携して場のポテンシャルを上手く活かしている。

地元の才能を集結して運営

DLSは尾道にUターンしてきた繊維産業や伝統産業の若手クリエイターが中心になって立ち上げた会社だ。瀬戸内の伝統産業のリブランディング等を手がけており、U2内のショップには彼らが地元資源を使って開発した商品が並ぶ。U2が初の自社施設となるが、事業の安定に伴い、現在は運営をDLSから株式会社Onomichi U2に継承している。

U2の人気は秀逸な建築デザインによるところも大きい。設計を手がけたのは広島出身の谷尻誠氏と吉田愛氏が主宰するサポーズデザインオフィス。U2を観光客だけでなく地元の人にも楽しんでもらえるようにと、DLSは設計者も地元の空気を吸って育った人にこだわった。コンセプトは新しいが、元倉庫の外観はそのまま残され、ドアや床板など使える資材はできるだけ再利用し、繊維産業のまちとして栄えた記憶を伝えている。

戦前は周辺にずらりと県営の海運倉庫が並んでおり、海から陸へ荷物を引き込む路面電車も通っていた。「U2」のネーミングはこの元倉庫の名称「県営上屋2号」に由来する。隣の県営上屋3号倉庫はギャラリーに生まれ変わり、2015年にはDLSが新たに委託を受けて市役所近くの倉庫をリノベーションしたシェアオフィス「ONOMICHI SHARE」を開業した。U2をきっかけに、これまで山側に多かった尾道の観光コンテンツが海側にも集結し始めている。（菊地）

上 当時のまま残された倉庫の外観／下　境界が曖昧で開放的なショップとレストラン

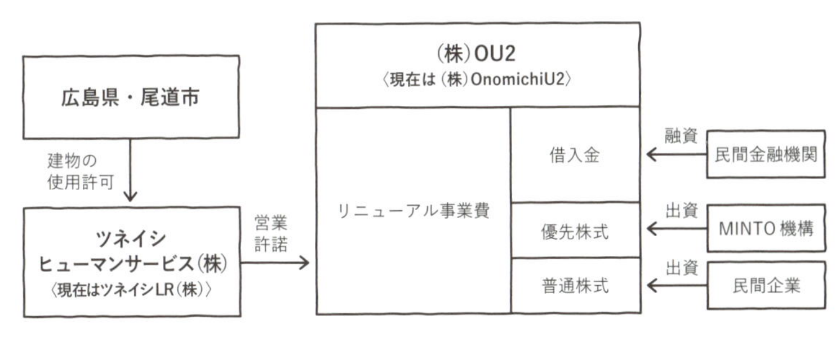

ONOMICHI U2 の資金調達スキーム

上 HOTEL CYCLE のロビーフロア（左）、客室（右）
下左 地域の素材を使ったプロダクト／下右 瀬戸内海に開けたウッドデッキ

タルマーリー

保育園が経済循環の起点となるパン屋に

転用パターン：保育園 → パン屋	開業年：2015年
所在地：鳥取県八頭郡智頭町	運営者：いざなぎ振興協議会

森の中にできたパン屋

中国山地に位置する鳥取県智頭(ちづ)町。人口約7000人の小さなまちだ。以前は智頭杉の産地として栄え、森林率は9割を超える。まちの中心部から山奥に車で約10分。旧那岐(なぎ)保育園がパン屋として生まれ変わった。ただのパン屋ではない。発酵と持続的な経済のあり方を重ねて提唱する本『腐る経済』の著者、渡邉格(いたる)氏が経営する「タルマーリー」だ。智頭町に移転してからはパンだけでなく、ビールの醸造、石窯ピザも提供している。

保育園らしい平屋の建物の間取りやサイズが、製造所と醸造所、カフェスペースを併せ持つタルマーリーの雰囲気にぴったりだ。改修工事はほぼDIYで進めた。解体で出た材を再利用したり、自然塗料を使うなど、店づくりにも循環の思想が反映されている。入ってすぐパン屋があり、二つの元教室がカフェスペースに。廊下と園庭、両側に窓が抜ける保育園の教室の明るい構造はカフェと相性がよい。園庭には遊具が残り、遊ぶ子どもたちを眺めながらゆったり過ごせる。廊下には醸造風景が覗ける小窓つきのバーカウンターがあり、つくり手と言葉を交わしながらビールを楽しめる。

改修と開業を地元でバックアップ

タルマーリーは2008年千葉県いすみ市で創業し、東日本大震災後、岡山県真庭市勝山へ、2015年に智頭町に移転してきた。移転先を探しているという情報を聞きつけたその日に、智頭町の若手職員がタルマーリーに連絡をとりスカウトした。もちろん、一事業者であるパン屋に公共施設である保育園を貸すことについて議論はあった。保育園を管理していたのは住民70人でつくる、いざなぎ振興協議会だ。これまでにも活用構想はあったが、8年間廃屋で老朽化が進行し、待ったなしの状況だった。何よりオーナーの渡邉氏の真摯な態度や考え方に共感し、智頭町を知ってもらうきっかけになればと、タルマーリーへ物件を貸すことを決めた。地域総出で園庭の草刈りや掃除を手伝い、オープン時には地元の家族で賑わった。

本気で地域に経済循環を生むために

なぜ、タルマーリーはこんなにアクセスの悪い場所を選んだのか。その理由は、パンやビールの醸造に不可欠な良質な水があったことと、渡邉さんたちが理想とする地域循環型の経済を本気で実現できる場所だと感じたからだという。物件の決め手の一つは、高さ6mの大型製粉機を設置できること。この製粉機で大量に製粉ができれば、九州から購入する小麦粉を地場産に切り替えられ、地域の経済循環に貢献できる。カフェで使用する農産物などはなるべく近隣で採れる食材を使用している。実際、この立地でも、タルマーリーの世界観を直に感じたいファンが海外からも絶え間なく訪れ、外貨を稼ぎ地元に還元する起点となっている。(菊地)

タルマーリーの発酵と地域内循環

上 保育園として使われていた当時の面影が残る外観
下 自家製粉した小麦粉と野生の菌を発酵させてつくるパンを販売

上 智頭町の天然水だけを使い、野生酵母のみで醸造したクラフトビール／下 教室を改修したカフェスペース

INN THE PARK

日本初、泊まれる公園

転用パターン：研修施設 → 宿泊施設	開業年：2017年	ETC.
所在地：静岡県沼津市	運営者：株式会社インザパーク	

磨けば輝く原石、発見

森の中にぼーっと幻想的な光を放つ球体テント。リリースと同時にこの画像がSNSで拡散され予約が殺到した「INN THE PARK（イン・ザ・パーク）」。子どもたちの研修施設として親しまれた沼津市立少年自然の家をコンバージョンした、「泊まれる公園」をコンセプトとする公園一体型宿泊施設だ。沼津といえば海のイメージが強いが、イン・ザ・パークは富士山の手前、駿河湾を望む愛鷹（あしたか）山の中腹にある愛鷹運動公園内に位置する。周囲に民家はほとんどなく、木々に囲まれた芝生広場が広がる。

宿泊棟などの施設は、その芝生広場の北側に、広場を見下ろすように並んでいる。東端の駐車場に車を停め、本館の受付でチェックインする。当時は200名以上を収容していたダイニングホールは、日本離れしたスタイリッシュなサロンにリノベーションされた。アンティークなソファやテーブルが置かれ、天井は高く一面ガラス張りで、木漏れ日が差し込む。宿泊者の共有スペースとなっているほか、週末は一般向けに公園のカフェとしても営業する。木造2階建ての宿泊棟4棟と大浴場へは外廊下がつながっている。宿泊棟の木の内装には元のテイストを活かしほとんど手を入れていない。元野営場には屋外ダイニングを設え、広場を囲む林にはドームテント3棟、吊テント1棟が木々の間から覗く。

自分たちで運営しよう

2015年11月、スタートして間もないウェブサイト「公共R不動産」に沼津市役所より少年自然の家の取材と掲載依頼のメールが届いたのがプロジェクトスタートのきっかけだ。高速道路を使えば東京から約1.5時間の立地で、こんなに緑豊かで静かな場所は希少だ。しかも、賃料は破格である。せっかくだから自分たちで運営してみようかと、公共R不動産チームで盛り上がり、株式会社インザパークを設立、2016年に沼津市の実施した公募型プロポーザル方式の運営事業者公募に応募、事業者に選定された。

ポイントは柔軟な公民連携体制

少年自然の家は1973年に建てられ、教育委員会が直営してきた。しかし、建物の老朽化や近隣自治体の類似施設への顧客流出などから、市は施設を手放すことを決定。これまで年間数千万円の赤字施設だったため、民間には低廉な価格で貸し付ける条件で、運営事業者を募集した。

市が電気・給排水など建物を使える状態にするところまでの改修工事を行い、民間に引き渡す。そこからの施設改修の投資はすべて運営事業者が負担する。9000㎡と広大な施設であるため、初期投資だけでなくメンテナンスにも相当のコストがかかることが見込まれ、事業計画は難航した。しかし、補助金は使わず、民間都市開発推進機構と地元の沼津信用金庫で組織する「ぬまづまちづくりファンド有限責任事業組合」から出資を受ける形で資金を調達し、沼津市とインザパーク社は基本協定を締結した。

施設は沼津市が所有し、インザパーク社は施設とテントエリアの面積に対して施設使用料を支払っている。施設以外の公園の管理は従来通り公園課が行うが、この施設の価値は公園と一体利用できること。その点は沼津市も理解しており、インザパーク社は年間180日以内であれば市に許可を得て、移動式カフェを設置したり、イベントを開催したり、比較的占有に近い形で公園を利用できる。柔軟な運用のポイントは、役所内の公民連携部署と公園課が協働し、できるだけ民間の要望に応えようと調整を図る体制にある。宿泊や飲食だけにとどまらず、ウエディングやフェスなど、この森でできるアクティビティのポテンシャルはまだまだ引きだせそうだ。（菊地）

上 森の中に浮かぶ球体テント／下 高台に建つ白い建物がフロントのある本館

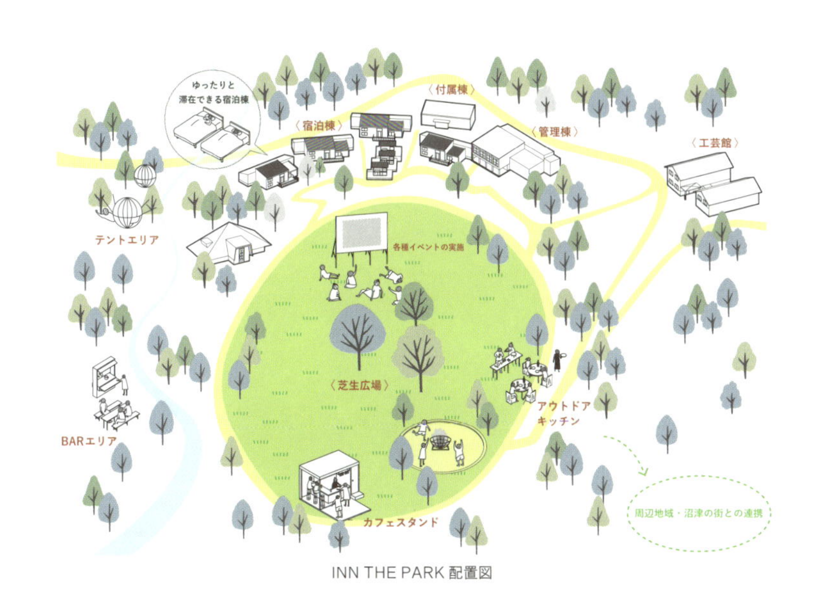

INN THE PARK 配置図

上左 森の中に佇む宿泊棟／上右 宿泊棟の客室／下左 宿泊者が自由に使えるサロン。週末はカフェとして営業
下右 地元の食材を使った夕食を提供する屋外ダイニング

てんしば

民間が運営する公園の実力

転用パターン：公園 → 複合施設・広場	開業年：2015年
所在地：大阪府大阪市	運営者：近鉄不動産株式会社

ココ、天王寺公園デスカ？

1909（明治42）年に開園され、敷地内に天王寺動物園・大阪市立美術館・慶沢園・茶臼山を有する天王寺公園。そのエントランスエリア（25000㎡）の運営管理を大阪市が民間事業者に委託し、2015年10月「てんしば」としてリニューアルオープンした。約7000㎡の広大な芝生広場を中心に、カフェ等の各種テナントやフットサルコートがあるオープンスペースに変貌を遂げた。

1990年以降、野宿者や青空カラオケ店などの増加、動物園の来場者の減少などの事情を背景に、天王寺公園の周囲は約2.5mの柵で囲われ、有料化されていた。転機が訪れたのは2014年1月。関西国際空港に直結する天王寺ターミナルに隣接するポテンシャルを活かすため、大阪市が「エントランスエリアの魅力創造・管理運営事業者」を募集。2段階の公募型プロポーザルの末、事業者に、近隣の商業施設「あべのハルカス」を運営する近鉄不動産が選定された。

貸付期間は20年間。整備費・維持管理費はすべて近鉄不動産の負担で、同社は約14億円を投資して整備、年間約3000万円の公園使用料を大阪市に支払い、テナントへの賃料から投資を回収していくスキームだ。テナントは、子どもたちの遊び場やペットグッズの店、カフェなど、公園の利用者と親和性の高い施設ばかりだ。

2018年3月末には通算来場者数が1000万人を突破。オープンから約2年半、年間400万人以上のペースで推移している。この広場への集客数は、確実にエリア一帯によい影響を与えている。（則直）

上 都心の真ん中に広大な芝生広場が出現／下 人々が憩う右手に、あべのハルカスがそびえる

廃校を使って、さまざまなクリエイターと来場者がイベントを楽しむ

グッドネイバーズ
ジャンボリー

よき隣人たちが変えるまち

転用パターン：学校 → フェスティバル		開業年：2010年
所在地：鹿児島県南九州市	運営者：グッドネイバーズジャンボリー実行委員会	

クリエイターが森に集結するお祭り

鹿児島市内から車で1時間弱、森の中に建つ旧長谷小学校。廃校になって29年が経ち、地域住民が「かわなべ森の学校」として管理してきた。

2010年、その廃校で参加型のフェスティバル「GOOD NEIGHBORS JAMBOREE（グッドネイバーズジャンボリー）」（以下、GNJ）を始めたのが、鹿児島出身のミュージシャンでありプランニングディレクターの坂口修一郎氏。年に一度、毎年8月に全国から音楽、デザイン、クラフト、アート、ダンス、写真、映画、文学、食…など多彩なジャンルのクリエイターが集まる。地域のレストランやカフェ、クラフト作家の店やこだわりの本屋など総勢50店舗が出店。また、ダンスや音楽、アートなどのプログラムが、教室や校庭のテントを利用して1日中行われる。たった1日のイベントに約2000人が集まる。

数年前、南九州市は老朽化や耐震上の問題を理由に校舎の閉鎖を検討した。坂口氏は、「長谷ふるさと村」や地域で活動する人たちとともに施設を存続させる方法を探ってきた。そこで新たに「森と水のくらしプロジェクト」を設立。廃校を含めた地域資源の活用、集落の空き家の再生、移住者の受け入れなど、地域を次の世代へと受け継いでいく活動へと発展させてきた。GNJは、子どもが場内アナウンスをしたり、地元の人がポップアップストアを出店したり、誰もがプレイヤーとして参加する「みんなでつくるフェスティバル」。祭りからまちへと展開し始めたグッドネイバーズ=よき隣人たちは、どんな風に「みんなでつくるまち」を実現するのだろう。（塩津）

浜松ワインセラー

トンネルが天然の貯蔵庫に

転用パターン：トンネル → ワインセラー	開業年：2010年	ETC.
所在地：静岡県浜松市	運営者：地域産業観光研究会	

トンネルの意外な活用法

浜松にトンネルを活用したワインセラーがある。その名も「浜松ワインセラー」。旧国鉄が建設を計画し、国鉄改革で開業に至らなかった幻の鉄道・佐久間線の相津（そうづ）トンネルを旧国鉄清算事業団から浜松市（旧天竜市）が無償譲渡された。

現在は、地元有志による地域産業観光研究会が浜松市から借り受けワインセラーとして活用している。鮮やかな緑に囲まれたエントランス、トンネル内の苔むした壁面、そんな場所を、時を経るごとに深みを増していくワインの寝床にしているのだ。

トンネル内には200mにわたってワインを貯蔵する木製のラックが並び、市民や酒造業者に貸し出している。トンネルは、年間を通じて内部温度は15〜17℃、湿度は70〜80％に保たれるため、ワインの貯蔵に極めて優れおり、実用性の高さも折り紙付き。しかも、その環境が空調などの設備をつけずに得られるので、管理コストも低く、リーズナブルな価格で預け入れが可能。全国からワインの愛好家たちがこぞって足を運ぶスポットとなりつつある。

また世界のワインの産地から研究会が輸入した140種類のワインを試飲・購入できるという嬉しいサービスもある。（中谷）

上 うっそうと茂る緑をかき分けると現れるトンネル。ここがワイナリーの入り口
下 温度と湿度のバランスがよく、ワインの貯蔵に最適なトンネル内部

COLUMN4

公共空間の質を保つ デザインコントロール

なぜ、残念なデザインが生まれるのか

公共空間において、設置当初はよいデザインだったものが、個別課題やクレームに対応し続けた結果、本来描いていたデザインのクオリティから遠ざかった空間になってしまうことがよくある。たとえば、公園に設置されたベンチ。景観に溶け込み、市民に使い方を委ねられるようにデザインされたにもかかわらず、「ホームレスが寝ないように」ベンチの中央部に手すりがつけられたり、「落書きがされないように」過剰な塗装がされたりと、意識されていたデザイン要素がどんどん削ぎ落とされていく。

設計・施工から運用に至るまで、行政・民間・利用者など、あらゆるステークホルダーからの意見を受け取り続けていては、一般的なデザインになってしまう。いかにデザインを守りながら、公共空間としての質を維持していくのか。そこに求められるのが、デザインコントロールの機能だ。

風景を守りながら企業の参画を促す

公共空間、特に道路や公園、街区一帯を活用したエリアマネジメント（以下、エリマネ）の取り組みが日本でも増えてきているが、エリマネ事業の柱となるのが屋外広告事業だ。公共空間の一部を広告スペースとして民間事業者に貸し出し、事業者は広告掲載料をエリマネ団体に支払う。公共空間への広告設置は、まちなかの目立つ場所にあることが多いため、掲載メリットが高い。屋外広告という事業である以上、企業はより目立つ形で掲載したい。それが民間の土地であれば何の問題もないのだが、公共空間となると話は変わってくる。どんなエリアにしていきたいのか、そのデザインコンセプトを明確に持った上で広告の表現も検討することが重要になる。

ニューヨークの中心部に位置する「ブライアントパーク」。管理運営し

ているBIDのBryant Park Corporationでは、名だたる大企業がスポンサーとなっており、事業収支を考えても企業の参画は不可欠なものになっている。本来なら企業スポンサーは出資する代わりに露出による広告効果を期待しているが、いくら公園を見渡しても、企業ののぼりや大きな看板は見あたらない。よくよく見ると、草むらの中に「free wi-fi presented by ZARA」という小さな標識が何カ所かに設置されていた。色も公園の緑に溶け込むようなモスグリーンで統一されている。これは、Wi-Fiスポットに対して協賛しているアパレルブランドZARAによる看板だ。

なぜこんなにひっそりと佇んでいるのか。企業とBIDとの折り合いはどうつけているのかを担当者に聞いた。

「デザインは事務局と企業が密にコミュニーションをとって決定しています。景観を妨げないことが全体のルールなので、いかに景観に馴染んだデザインにするかについては、何度も話し合いが行われ、看板のデザインやサイズ、設置場所についても細かく調整を図っています」とのこと。

商業的な広告は設置しないとはねのけるのではなく、エリマネ団体や自

ブライアントパークのさりげない企業広告

COLUMN4

治体がしっかりとした考えを持って全体のデザインコントロールを進めることで、風景を損ねずに全体の世界観をつくりだすことができる。

空間全体に一貫したデザインを

公共空間を活用した事業を実施する際に重要になるのは、空間全体のコンセプトである。そのまちのどんな都市課題を解決する場所なのか、どんな空間にしたいのか、どんなテーマで人を呼び込みたいのか、空間としての大きな方向性を示すいわば、事業の「背骨」だ。

コンセプトが固まったら、それを空間イメージに落としこんでいくが、それと同等に重要となるのが、キービジュアルやロゴ、サイン、リーフレットといったデザインの部分。目に触れるすべてのものに対して一貫したデザインを行うことで、空間全体の世界観ができあがっていく。

6章で紹介している岩手県紫波町の「オガールプロジェクト」(p.160参照)でデザインの中心を担ったのは、デザイナーの佐藤直樹氏。紫波町図書館といった公共施設だけでなく、直売所の紫波マルシェ、オガールプラザ内の居酒屋といった民間事業者に対しても、規格を統一した看板のデザインを行った。佐藤氏が一貫してオガールプロジェクトのデザインを担ったことで、全体の空間の質が保たれ、居心地のよさが担保されている。

これから必要とされるマスターアーキテクト

デザインコントロールという観点でもう一つ触れておきたいのが、「マスターアーキテクト方式」の採用だ。マスターアーキテクト方式とは、広域に及ぶ集合住宅地整備等で行われる手法の一つ。ヨーロッパの都市整備事業では、最初に整備対象地区のスタディに対する設計競技が行われ、それにより選出されたマスターアーキテクトが提示するプログラム案を基に計画概要が決定されるケースが多い。

日本でも、広域のプロジェクトでマスターアーキテクトが主導するケースが多かったが、今後は規模の大小にかかわらず、複合的な機能を表現したり、多様なステークホルダーの意見をデザインに落としこんでいくプロジェクトで、マスターアーキテクトが求められるようになるだろう。

デンマークでは、公共空間の設計プロジェクトにおいて、マスターアーキテクトが周辺環境との調和を図りつつ統括的に設計監修を行う体制が主流になっている。住民参加のワークショップが日常的に各所で開催され、市民は出勤前の時間などにコーヒーを片手に意見交換を行う。マスターアーキテクトはそこで出されたさまざまな意見を編集して最終的な設計に落としこんでいく。体制としては、自治体の上にマスターアーキテクトが位置し、最終的なデザインの決定権はほぼ彼らにあるといっていいようだ。

5章で取り上げる「スーパーキーレン」(p.124参照)もその好例。建築デザインオフィスのBIG、ランドスケープデザインオフィスのTopotek 1、アーティスト集団のSuperflexが協働してマスターアーキテクトとして住民の意見を吸い上げ、唯一無二のデザインに落としこんでいった。

公民連携での公共空間活用が進むにつれ、意思決定をする前段階でのステークホルダーも多様になる。その意見を受け止めながら空間の最適化を図るためのデザインコントロールはますます求められる機能になっていく。(飯石)

建築家、ランドスケープデザイナー、アーティストらがマスターアーキテクトとして関わったスーパーキーレン

Interview

遊休公共施設×合宿事業で新たなマーケットを創出

丹埜 倫（たんの ろん） R.project

interview：塩津友理　text：土橋 遊

スポーツ合宿事業により次々と遊休公共施設を再生させているR.project。事業のきっかけは、不動産投資と遊び。公共施設再生とはかけ離れた二つの要素によって、新たなビジネスチャンスを創出した。最小限の投資で新たなターゲットを呼び込み、エリアの価値を上げる。民間では当たり前だった「独立採算」や「ニーズ先行の開発」の手法で、解体予定の物件を何度も蘇らせてきた、R.project代表の丹埜倫さんに、公共施設を利用した新しい事業のつくり方を聞いた。

日本に眠るポテンシャルを発揮する仕事との出会い

― 証券会社を辞め、起業された経緯について教えていただけますか？

丹埜　以前、証券会社でトレーダーとして働いていた時の外国人の同僚が、スキーを楽しむために雪質のよいニセコに広大な土地を購入しました。そして不動産投資をきっかけに、有名なホテルを誘致したり、役場に空き地を公園として寄付したり、地域支援の活動を行ったり、中長期的にそのエリアの価値を上げる取り組みを始めました。

今では外国人に人気の高いニセコも、当時は人口が減少した過疎地域でした。友人たちが観光客向けのホテルや飲食店をつくり、海外の知人に紹介しているうちに、外国人から注目されるリゾート地になりました。そして観光業が軌道に乗ると、地元に新たな雇用も生みだしました。すると、町外で働いていた人たちもニセコに戻ってきます。不動産投資としても社会的な意義としても成功したニセコの取り組みを間近で見てきたことが、このビジネスを始めたきっかけの一つです。

― なぜ公共施設で合宿事業を始めようと思われたのですか？

丹埜　今やっている合宿事業と証券会社時代の仕事はかけ離れているようで、実は似ています。証券投資は過小評価されている企業に投資をして成長後に売却して利益を得る仕事です。見落とされている地域のポテンシャルを発見し、独自の視点で活用して地域の価値を上げる、今のビジネスにも通じるところがあります。

僕は幼い頃から、オーストラリア人の父親が千葉県いすみ市につくった家で週末を過ごし、普段は東京で暮らす二拠点生活をしていました。都心から1～2時間離れるだけで豊かな自然に触れられる楽しさを肌で感じて育った経験から、都心と地方の距離感を活かしたビジネスをやれないかと思っていました。

東京から少し離れた自然のある地域で過小評価されているもの、また、一定の投資が行われたにもかかわらず効果を発揮できていないものを探すと、遊休化した公共施設に行き着いたんです。

僕はずっとスポーツをやっていて合宿に馴染みがあったので、自分で事業を始める時、自然と合宿事業が浮かびました。合宿先の選定基準は、箱根や軽井沢といったブランド力が問われるわけではなく、サッカーならサッカー、ダンスならダンスがきちんとできることが大事なんです。その目的を達成できるハードが整備され、都心から移動しやすい場所であれば、遊休施設を活用する合宿事業はうまくいくのではないかと考えました。

合宿ビジネスの成功の鍵とは

— 最初の施設「サンセットブリーズ保田」をオープンするまでのプロセスを教えて下さい。

丹埜　この施設と出会った頃はまだサラリーマンで、育った地域でなじみのある千葉県鋸南(きょなん)町を拠点に、毎週末のように物件を探していました。車で物件を探していた時、中学生の時に合宿で訪れた「千代田区保田臨海学園」を見つけました。東京都千代田区が42年間管理してきたこの施設は、都会の子どもが房総の自然を体験する場所として利用されてきましたが、少子化で利用者が減り、営業は終了し、建物の解体が始まるところでした。

電話でそのことを聞いて、すぐに施設を購入したい意志を伝えたのですが、さすがに区の担当者も困惑していました。まずは施設を運営する団体の法人化が必要であることを知り、2006年にサラリーマンを続けながら会社を立ち上げました。

この施設を取り壊して更地にする予定だった千代田区と交渉を重ね、R.Projectで施設を有償で譲り受けました。自分たちで改修工事を行い、スカッシュコート、フットサルコート等を増設し、スポーツ合宿が行いやすい環境を整え、2007年に「サンセットブリーズ保田（ほた）」としてオープンしました。臨海学校として使われていた頃は年間1000泊にも満たなかった利用客が、現在は年間1万8000泊以上の利用客があり、稼働率は30％を超えています（合宿施設の平均稼働率は15～20％）。

― その後、各地で事業を展開されますが、初年度から事業は順調だったのでしょうか？

丹埜　最初は集客や人材の雇用に苦労しましたが、地元の団体や行事に参加したり、お客さんに知り合いを紹介してもらったり、地域に根ざした活動にも力を入れていると、徐々にビジネスも軌道に乗ってきました。2009年には地元の有志とともに一般社団法人鋸南クロススポーツクラブを立ち上げ、地元の自然資源を活用したイベントも開催しています。

初年度はかなりの赤字でしたが､2年目から黒字に転換しました。震災で再度赤字になりましたが、その翌年には復活できたことで、別の場所でも展開していこうと決めました。

合宿ビジネスをやってみて、このマーケットは結構大きいと感じました。既存の合宿施設は老朽化が進み、オーナーも高齢化しています。さらに新規参入も少ない。学生を主なターゲットにするビジネスは景気にも左右されません。事実、リーマンショックが起きた2008年の宿泊数は前年比で約30％増加しました。

現在は、千葉県と山梨県で9件の合宿施設を運営しています。すべての施設に共通している改修・運営手法というのはありませんが、「都心から車で2時間圏内の自然環境のよい立地」は合宿ビジネスの成功の鍵です。

ビジネスチャンスを感じた、管理委託から独立採算への転換

―「昭和の森フォレストビレッジ」での行政との連携について教えていただけますか？

丹埜　他の地域での展開を考えていた2012年頃、千葉市長と会う機会がありました。もともと自然のなかでの事業に興味があったので、都心である千葉市で何かを始めるイメージはまったくありませんでした。都心部での施設運営のアイデアとして、インバウンドが盛り上がり始めているので、訪日外国人向けの宿泊施設はありえるかもしれないという話を市長にしました。すると、ちょうど市としても、昭和の森公園にあるキャンプ場&ユースホステルを有効活用することが検討されていると聞かされました。

施設自体にはあまりポテンシャルを感じませんでしたが、市長の話を聞いて関心を持ったのは、その事業モデルです。うまく活用できていない公共施設を行政から安く借り、民間独自の事業モデルで展開できる可能性がありました。今までは、市が指定管理料を運営者に支払っていたのに対し、僕らが市に賃料を支払うモデルに転換することによって、市の財政負担も大きく軽減できるしくみです。

サンセットブリーズ保田・サンセットビレッジ
［用途］改修前：臨海学校 → 改修後：スポーツ合宿施設
［所有・管理形態］千代田区より R.project へ有償譲渡 ［オープン］2007年11月

昭和の森フォレストビレッジ

［用途］改修前：ユースホステル → 改修後：合宿施設
［所有・管理形態］千葉市より公園施設の管理許可および設置許可［オープン］2014年4月

白浜フローラルホール

［用途］改修前：市営音楽ホール・保健福祉施設 → 改修後：ダンス・音楽向け合宿施設
［所有・管理形態］南房総市より賃貸 (2020年まで)［オープン］2016年7月

僕らにとっても、「サンセットブリーズ保田」は千代田区から買い取った施設でしたが、行政から借り受け運営するはじめての施設ですし、初期投資が抑えられて事業展開がしやすいというメリットがあります。

結果的に公募で僕らが落札し、すべて自分たちの資金で改修工事をし、2014年に「昭和の森フォレストビレッジ」をオープンしました。ホステルとして最低限の改修を行いつつ、合宿を誘致するための営業やPR戦略を強化しました。結果、都心からのアクセスのよさもあり、ビジネスとしてもうまくいっています。

— 2016年にオープンした「白浜フローラルホール」はこれまでのスポーツとは違い、ダンスや音楽に特化した施設ですね。

丹埜　当時、ダンスや音楽に関する合宿のニーズがとても高まってきていました。新たな事業として可能性を感じ、適した施設を探していたところ、市営音楽ホールとして有名だった「白浜フローラルホール」の公募を新聞記事で見つけました。ホールの設備は十分ではあるものの、宿泊機能をどのように補うかが課題でした。しかし、現地に行ってみると、ホールの横に保健福祉施設が併設されており、調理室や風呂、会議室や多目的ルームがあり、合宿施設としてのポテンシャルがかなり高かったんです。

約20年前に建てられたこのホールは、住民の音楽活動や地域のイベントで利用されてきましたが、近年は人口減少とともに稼働が下がり、市は維持管理費の負担を減らすべく、隣接する保健福祉施設も含めて、数年前から民間による有効活用案を募集していました。

市に話を聞きに行くと、地元の民間企業からは公募に手が挙がらず、解体も視野に入れていた時期でした。合宿事業の提案をしたところ、事業性や社会的価値を見るために、2020年までを一区切りとして運営することが決まりました。

立派なホールや音響設備があるので、ダンスや音楽関係の利用者から喜んでいただいています。地域のピアノ教室の発表会や成人式などにも利用してもらっています。そのような地域向けの利用に関しては、最初の契約時に無料で開放することを提案しています。

行政と民間の理想的な役割分担とは？

丹埜　行政によってまったく違うので、一言で理想を言うのは難しいですが、行政は、「民間の力を利用するにはどうしたらいいか？」を考え、民間のアイデアを、行政側が柔軟にかつ主体的に地域のために使える方法を見つけられるとよいですね。

つまり、行政が民間のアイデアを咀嚼した上で、もともとの行政の計画やビジョンに合うように設計したプロジェクトは、住民や議会への説明もスムーズに進むことが多いです。住民にとっても、税金でなく民間資金で行うプロジェクトには賛同しやすいですよね。

そうすると、僕ら民間企業が動きやすいプラットフォームができ、民間企業は自らの事業を継続することで地域に貢献できるしくみづくりに集中できます。

今後やっていきたいことは、教育事業です。地方の子どもたちは学ぶ機会の選択肢が少ない。地方でも面白い私立の学校が増えてはいますが、授業料が高額です。一般の家庭でも手が届き、かつ質の高い教育を地方で展開していきたい。僕らの公共施設活用や合宿事業のノウハウを活かして次にチャレンジしたいステップですね。

丹埜 倫

株式会社 R.project 代表取締役。1977年生まれ。慶應義塾大学法学部卒業後、ドイツ証券東京支店、リーマンブラザーズ証券東京支店に勤務。トレーダーとして勤務する傍ら、スカッシュの日本代表として世界選手権に出場。2016年に金融業界を離れ、株式会社 R.project を設立。2017年より遊休公共施設を合宿に活用する事業を9拠点で展開。2015年から訪日観光客向けバジェットトラベル事業を開始。4軒の宿泊施設を運営。

2部
公共空間をひらく3つのキーワード

5. シビックプライドをつくる - オープンプロセス

6. 領域を再定義する - 新しい公民連携

7. “公共”を自分事にする - パブリックシップ

5.

シビックプライドをつくる
- オープンプロセス

公共空間を魅力的にするためには、近隣住民の理解が欠かせない。とはいえ、近所に住んでいるというだけで、その場所に愛着を持てるわけではないし、かといってよそ者に好き勝手されるのも気がかりだ。

そんな時に手がかりにしたいのが、「シビックプライド」の醸成だ。公共空間をつくるプロセスをオープンにすることで、より多くの人がその場所に関わるきっかけをつくろう。その場所のよさを発見し貢献したいと思えるようになったら、つくるだけでなく運営まで携わる市民も現れるかもしれない。

本章では、そんなシビックプライドを持った市民がつくりあげた事例を紹介する。

上 黒（親同士の交流）のゾーンには、うねった道路に無数の白線が引かれている
中左・中右 赤（スポーツ）のゾーンに設置された、アフガニスタンのブランコ
下左 日本のタコの滑り台／下右 緑（住民の庭）のゾーンにある、アルメニアのコーヒーテーブル

スーパーキーレン

プロセスからまちを変えた公園

転用パターン：鉄道車庫 → 公園	開業年：2012年	
所在地：デンマーク・コペンハーゲン市	運営者：コペンハーゲン市	

祖国の記憶を呼び覚ます遊具が地域の愛着を生む

コペンハーゲン市北部、ノアブロ地区に2012年に誕生した全長約750mの細長い公園「Superkilen（スーパーキーレン）」。公園は赤（スポーツ）・黒（親同士の交流）・緑（住民の庭）の三つにゾーニングされている。

特徴的なのは置かれている遊具。なんと世界各国の公園にある代表的な遊具が持ち込まれたり、イメージをもとに制作されている。その数なんと57カ国108種類。タイのキックボクシングリング、台湾のネオンサイン、モロッコのタイルを使った噴水、アフガニスタンのブランコ、タンザニアのマンホール、アルゼンチンのバーベキューグリル、そして日本のタコの滑り台と、公園にいながら世界を旅している気分になる。

スーパーキーレンが位置するのは、移民が多く暮らすノアブロ地区。公園ができる以前、この地区は家賃の安い集合住宅が立ち並び、多国籍な文化や習慣の違いから住人同士の諍いや犯罪が絶えなかった。

その対策を講じるべく、コペンハーゲン市は国鉄の車庫跡地を公園にリノベーションする計画を立て、2007年にコンペを実施。コンペを勝ち取った建築事務所BIGは、住民たちに出身国についてヒアリングするところからスタートし、それぞれの住民にゆかりのある世界各国の遊具が公園に設置されることになった。これらの遊具があることで、各国からやってきた住民がこの公園に愛着を持つようになり、地域の治安の向上にもつながった。公共空間はその場所に暮らす人たちの関係性さえもデザインできるのだ。（飯石）

KaBOOM!

公園づくりのレシピ公開、全米でムーブメントに

転用パターン：空き地 → 公園	開業年：1995年	ETC.
所在地：アメリカ全土	運営者：NPO KaBOOM!	

3000の公園をつくりだしたNPO

アメリカでは、この20年間で1日あたり約34のペースで公園がつくりだされた。といっても信じられないかもしれないが、これは嘘のような本当の話だ。この偉業を実現し続けているのがNPO「KaBOOM！（カブーム）」である。「全米のすべての子どもたちにバランスのとれた遊ぶ機会を」をビジョンに、1995年に設立。2017年までの22年間で、全米で3000を超える公園の開設に貢献してきた。

KaBOOM！とは、英語の効果音で「ドカーン！」という意味。不思議なネーミングだが、これは彼らの奇想天外で大胆なサービスをうまく表現している。週末のたった1日で、地元ボランティア数百人を動員し、空き地をドカーンと公園につくりかえてしまうのだ。

“KaBOOM!”“Playground”“Build”で検索すれば、その一部始終が1分程度の高速の動画にまとめられ、全米からアップロードされている。朝、大勢が空き地に集合、手分けして穴を掘り、次々と遊具を立てて、砂場やフェンスを設え、ベンチを組み立てペンキを塗り、6時間後には公園が完成する。

行政に頼らない自立的な運営

もちろん、その日までに長い準備期間が必要だ。カブームの正規スタッフは18名。提供するサービスは大きく二つに分けられる。直接カブームが公園を開設するパターンと、ウェブサイト上の情報提供により間接的に開設をサポートするパターンだ。

直接開設する場合、民間企業からの依頼でカブームがマネージャーを派遣する。一つの公園の企画から完成まで約半年。平均的な予算は約600万円で、その9割が企業負担、1割が地元負担となっている。あえて地元負担を必ず入れているのは、主体性を保つためだ。公的な補助にはほとんど頼らず、自治体に熱意のある担当者がいる場合を除き、自治体との協働はしない（NPOは行政の手の届かない領域を担っているとも言える）。土地も民間から購入する。公園づくりの材料も、可能な限り地元企業に提供してもらう。建設後のマネジメントまで視野に入れ､整備プロセスを通じ、地域コミュニティが再形成されることを重視している。

資金の目処がたつと「Design day」と「Build day」を決める。Design dayは地域の子どもたちに欲しい遊び場をイメージしてもらうワークショップの日。それをもとに設計に落としていく。Build dayは冒頭に触れた協賛企業や住民ボランティアが総出で公園をつくる日だ。

戦略的な情報公開とコミュニティ形成

しかし、自分たちでつくり続けていては全米の公園ニーズには追いつかない。そこで、公園開設に必要なノウハウをオンラインで公開している。いろんな公園づくりのレシピの動画やテキストを無料でダウンロードできるのだ。これまでに何万と寄せられた質問を整理したQ＆Aコーナーもあり、オンラインコミュニティも充実しているため、そこで経験者からアドバイスをもらうことも可能だ。このノウハウのサポートは有料版もあり、カブームスタッフによるオンライントレーニング、定期的なワークショップ等も開催している。また毎年「Playful City USA」というコンペを開催することで、自然とコミュニティ同士が切磋琢磨する関係性を生みだしている。ある種、効率的に質を向上させるマネジメントといえる。

東京の1人あたりの公園面積はニューヨークの4分の1、ワシントンの10分の1以下。子育て世帯の住まいに関する調査で、住環境として最も重視されるのは「公園など遊び場が近隣にあること」だ。「公園は自分たちでつくる」というアメリカの常識が早く日本でも一般化してほしい。（菊地）

上 住民総出で遊具を運んで設置する／下 子どもたちが欲しい遊び場のイメージを描くワークショップ

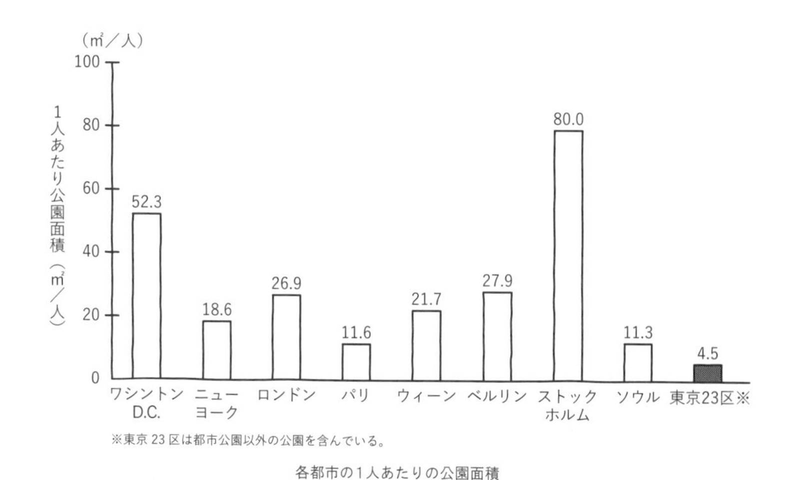

※東京 23 区は都市公園以外の公園を含んでいる。

各都市の1人あたりの公園面積

公園の看板を設置するカブームのスタッフたち

上 元学食はレストランに／下左 ビールタンクもポップな醸造所
中右 アールデコ調のインテリア／下右 小学校の当時のままの外観

マックメナミンズ ケネディ スクール

廃校のポートランド的解釈

転用パターン：小学校 → 複合施設（ホテル、ブルワリーほか）	開業年：1997年
所在地：アメリカ・ポートランド市	運営者：McMenamins Inc.

100年前の小学校にタイムスリップできるホテル

都会的なカルチャーと自然が共存したライフスタイルが人気のポートランド。ポートランダーたちは公共施設も素敵に使いこなしている。その一つが廃校をブルワリー＆ホテルとしてコンバージョンした「McMenamins Kennedy School（マックメナミンズ ケネディ スクール）」だ。

元食堂がレストランにリノベーションされ、校庭のテラス席につながる。食堂横のロッカールームは本格的なブルワリーになり、ここで醸造されたクラフトビールを楽しめる。ボイラー室は配管丸見えの独特な雰囲気を活かしたバーに。講堂は映画館に。使い込まれた廊下には古い写真や絵がかけられ、今にも子どもたちの声が聞こえてきそうだ。教室棟はホテルにリノベーションされている。

この廃校ホテルは、ポートランドでコンバージョン物件を多数手がけるマックメナミンズ兄弟の代表作の一つ。世界最大級の観光サイト・トリップアドバイザーでも、全米の面白ホテルランキング1位に輝いた実力派だ。

元の小学校の設立は1915年、築100年超の文化財だ。老朽化により1975年に閉校を迎えたが、その後PTAや卒業生の粘り強い保護運動によって解体の危機を免れ、再生のためのコンペを実施し、屋内サッカー場や老人ホームなど複数の提案の中から現在のホテル案が採用された。そんな経緯もあってだろうか、ホテルとなった現在でも地域の人たちの庭のように愛されている。（菊地）

南池袋公園

都心に現れた、まちのリビング

転用パターン：公園 → 公設民営の公園	開業年：2016年
所在地：東京都豊島区	運営者：南池袋公園をよくする会ほか

まちのオアシス

2016年4月にリニューアルオープンした南池袋公園。池袋駅からほど近い場所にあるこの公園には、年中通して青々と茂る芝生がアイコンになっており、天気のいい日はたくさんの人が訪れる。朝のオープンから昼頃までは通勤客が立ち寄り、昼過ぎから夕方までは家族連れがピクニック、夜になるとカップルや会社帰りの仲間がお酒を片手に語らっている。ビールやチキンなどを販売するカフェも連日多くの人で賑わい、マルシェや野外シネマなど、季節にあわせたイベントも開催されている。

地域課題を解決する公園改修

今では多くの人に利用されるこの公園も、リニューアル前は路上生活者の人たちが住みつき、治安はけっしてよくなかった。さらに区内の公園管理費が高くなっていたこと、池袋駅東口周辺に路上駐輪が多いことも、豊島区の抱える大きな課題だった。そこで公園の改修とこれらの地域課題を掛けあわせて解決できないかと、当時の公園緑地課が旗を振り、大規模なリニューアルに踏み切った。公設民営をコンセプトにしたこの公園では、園内にカフェを設置して賑わいを生むだけでなく、地下の土地を電力会社に貸して変電所を入れることで収益を担保し、さらに地下に大型駐輪場も整備したことで路上駐輪問題も解決した。

民間の運営力・企画力を活かす

南池袋公園では園内に設置した便益施設にカフェを入れることで、その売り上げの一部を「地域還元費」として公園の維持管理に活かすという収益モデルを構築し、それに貢献できるカフェ事業者を公募した。そこで採択されたのが、地元で有名なビストロ「RACINES（ラシーヌ）」などを営む会社グリップセカンドだった。同社はカフェで美味しい食事やお酒を提供しながら、公園を快適に使ってもらうための情報提供なども行っている。

また、公園活用に関する検討の場として、豊島区、カフェ事業者、住民代表、学識経験者らでつくる「南池袋公園をよくする会」という任意団体を組織し、イベント開催などの相談を協議・決定している。さらに、公園に隣接するグリーン大通りの賑わい創出を担う会社 nest がマルシェや野外シネマ等の企画をプロデュースし、公園の魅力アップを担っている。

公園によってエリアの価値が上がり、BID（コラム p.170参照）のように周辺ビルオーナーや事業者からの出資を公園維持・価値向上に投資していくようなスキームに発展すれば、新たな公民連携のモデルになる。（飯石）

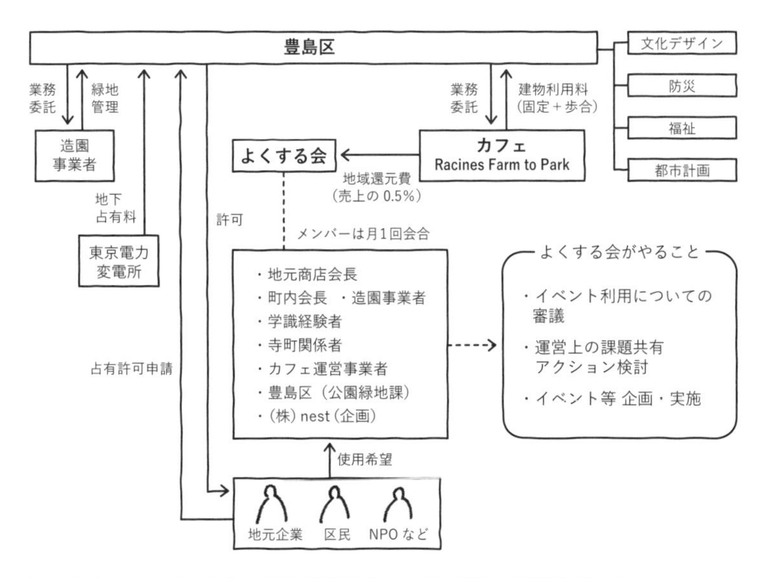

カフェやイベントでの売り上げの一部が「地域還元費」となり、公園への再投資に回っていく、まちの人が間接的に公園の維持に関わるしくみ

平日も週末も、芝生には人で溢れている。これが日常

MINAMI
MINAMI

ハイライン

2人の若者の情熱が都市計画を変えた

転用パターン：鉄道高架 → 公園	開業年：2009年	ETC.
所在地：アメリカ・ニューヨーク市	運営者：NPO Friends of the High Line	

寂れた鉄道高架跡がＮＹ一の公園に

ニューヨークはエリアごとに個性豊かで、歩いて楽しめるまちだ。その代表的なスポットが、2009年に鉄道高架を公園にリノベーションした「High Line（ハイライン）」。マンハッタンのウエストサイド、ミート パッキング エリアにできた回廊型のオープンスペースは、車に邪魔されずにマンハッタンを空中散歩できる。古い線路や貨物を運んだ滑車跡など、昔の面影が残り、道の両脇には300種以上の植物が植えられている。ベンチやデッキチェアなど、佇むことのできる場所も随所にあり、日光浴や読書をする人も多い。さらに、1年を通してファッションショー、ヨガレッスン、音楽会、チャリティの食事会、ウォーキングツアーなど、どの世代でも楽しめる参加型イベントが企画され、年間500万人の来場者数を誇る。

ボトムアップの再生プロセス

この場所には1934年に開業したウエストサイド線という鉄道が走っていた。1980年に廃線になった後放置されて、地域は次第に廃れ、治安は悪化し、住民から鉄道高架の撤去を求める声があがった。その結果、当時のジュリアーニ市長によって撤去が決定された。しかし、撤去に反対する2人の近隣住民が1999年にハイラインの保存と活用を推進するためのNPO「Friends of the High Line（フレンズ オブ ザ ハイライン）」(FHL)を設立。彼らの地道な活動が少しずつコミュニティからの支援を集める。彼らはハイラインが近隣の不動産価値を高め、建設費を上回る経済効果をもたらすことを実証する調査結果を公表し、設計コンペを呼びかけた。

その後ハイラインの保存を推進するブルームバーク市長が就任すると、2004年に撤去を撤回。ニューヨーク市は公園化の予算をつけ、FHLと共同で設計チームのメンバーを選出し事業に着手。2005年には鉄道会社CSXトランスポーテーションからこの土地が市に寄付された。それまでの地道な寄付集めや広報活動が実を結び、著名な俳優や投資家からも大口の寄付を得て、2006年、遂に公園化の工事が始まった。2009年に南側の一部がオープンし、現在も着々と拡張している。

エリアの価値が急上昇

ハイラインの所有者はニューヨーク市、所管は公園管理局。運営はFHLが担う。公園の建設費用は市が負担するが、運営管理費（年間約1000万ドル）はほぼすべてFHLの集める寄付や事業収入（ツアー、イベント、グッズ販売、場所の時間貸しなど）によって賄われている。

さらに注目すべきは、ハイラインが整備されたことによるエリア価値の向上だ。多くの人が訪れるようになったことで、このエリアにホテル、高級アパート、レストラン、ブティックが相次ぎ建設され、2015年にはホイットニー美術館が移転してきた。2009年のオープン以来20億円以上の民間投資を呼び込み、1万2000人の雇用を創出したとされる。魅力的な公共空間がエリア全体の価値を上げることを実証するお手本だ。（飯石）

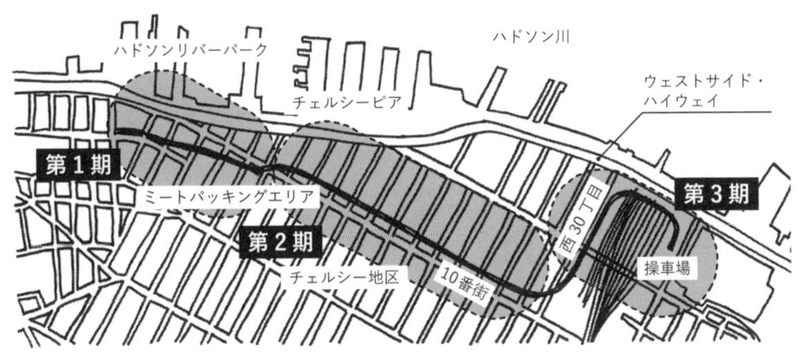

ハイラインの開発プロセス

上 緑で覆われた空中公園を見上げる／下 在来種を含む多様な緑が楽しませてくれる

上 イベントやピクニックが開催されるオープンスペース／下 さまざまな形状のファニチャーでくつろげる

パークキャラバン

キャンプから始まる小さな公園革命

転用パターン：公園 → キャンプ	開業年：2015年
所在地：神奈川県横浜市	運営者：NPO法人ハマノトウダイ

公園に泊まって楽しむ

横浜市保土ヶ谷の一角で小さく小さく始まった「Park Caravan（パークキャラバン）」は、公園でキャンプをするという1泊2日のイベントだ。人工芝を並べ、テントを設置。地元野菜を使ったカレーづくりや地元大学生とのコラボレーションで仮設図書館を開くなどのアクティビティが行われる。遊具の設置は仮設であれば許可は不要であるため、親子でDIYでつくって遊んだ後は持ち帰れるワークショップで即興的に仕立てた。夜にはプロジェクターでシーツに映画を投影して楽しむ。

憩いの場の代名詞のような公園だが、近年は、ペット禁止、ボール遊び禁止、飲食禁止、砂場にフェンス…と、禁止事項だらけの不自由な空間になっている。パークキャラバンは、このような現状に心を痛め、公園を本来あるべき開かれた状態にしたいと、地元青年会議所の仲間を中心に組織されたNPO法人ハマノトウダイが企画した。

前代未聞、NPO運営の公園愛護会

公園でキャンプをする。単純なこの行為が、できるようでできないのだ。そこには占有許可、設置許可、火器の使用禁止、撮影禁止、飲酒禁止等、障害となる無数のルールが立ちはだかる。ハマノトウダイはいかに、この状況を切り抜けキャラバンを実現したのか。

国土交通省の定義では「公園」は12種類に分類されている。横浜市には、いわゆる「公園」が約2600存在し、その大半が最も小規模な「街区公園」だ。横浜市では、街区公園ごとに「愛護会」という地元組織を設け、管理を任

せているが、1割程度は愛護会不在となっているという。

ハマノトウダイが注目したのは、この愛護会不在の公園だ。愛護会不在だった保土ヶ谷駅前公園に、新たに愛護会を設立し、清掃活動や周辺の商店街とのコラボ企画等を行うことから始め、住民との信頼関係と実績を積み上げていった。用具を運ぶトラックや人工芝などキャラバンに必要なものはメンバーが出しあって手づくりで行われている。地元外のNPOが主体の愛護会は前代未聞だが、至極真っ当に公園を運営する権利と義務を手にした。キャラバンをきっかけにまちの人と青年会議所との接点も増えた。

ローカルルールの正しい規制緩和

ひとたび前例ができれば、横展開はスムーズだ。ハマノトウダイのフィールドは横浜にとどまらない。各地から声がかかるようになり、2014年の設立からこれまで、4年間で21回のキャラバンを開催してきた。

身近な施設の管理運営には、しばしばローカルルールが存在する。それらを丁寧にひもとき、そのコミュニティで自分たちが果たせる役割を担いながら、公園を自分たちの使えるフィールドにしていく。そこで成功事例をつくり、他のフィールドに展開する。少し時間はかかるが、行政に規制緩和を望むよりも、無邪気に既成事実づくりに奔走する方が、楽しく、自然に規制を乗り越えられるのかもしれない。(菊地)

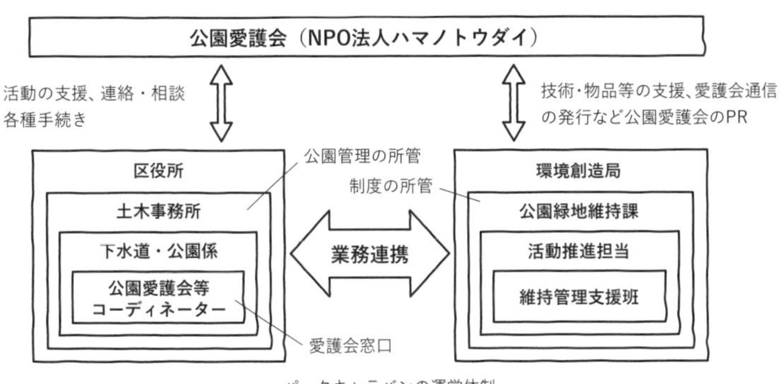

パークキャラバンの運営体制

上 保土ヶ谷駅前公園の地面に人工芝を敷くだけで、裸足で走り回ったり寝転がれるように
下 企業から協賛を受けたテントやテーブルでアウトドア気分

上 運河を望む高島水際線公園で開催された2回目のパークキャラバン／下 親子でDIYでつくる遊具

妄想企画 その5

クリエイティブに選ぶ審査員

公共空間の再編やリノベーション、活用提案の事業者は、基本的にコンペ（公募）を行って、公平性を担保して選定される。しかし不思議なのが、審査員の決め方。公平な審査の基準は存在するが、審査員の選定基準はどの行政にもなく、担当者の一任で決定されることが多い。

そして審査員を務めるのは

・学識経験者（大学教授）

・建築家（大御所が多い）

・対象エリアの有力者

・行政担当者

といった顔ぶれが圧倒的に多い。

公共空間の活用は公民連携のスキームで事業性を確保していく流れが主流になっているなか、これまでの審査プロセスでは、いくら新しい事業提案をしても、旧来のままの視点で審査されかねない。もっと広い視点で総合的に審査を進める必要がある。

そこで、現状の審査プロセスに対してのアプローチを妄想してみた。

一つは、「オペレーション」「デザイン」「コンセプト・まちへの波及効果設計」の実践者に審査員として参画してもらうことだ。使い手の目線、プロセスも考慮した上で逆算して設計する、その視点を持てていることを審査員の選考基準とする。

また、審査プロセスにより多くの意見を集めるべく、たとえば、裁判の陪審員制度のように、市民代表という形でまちの人が審査に参画することも考えられる。ある公募案件に対してランダムに市民を抽出し、審査員として参加することで、最終的なユーザーとなりうる市民の声を反映することができる。

コンペでいくら先進的な提案が出ても、審査員が旧来の審査プロセスで審査してしまっていては、通るものも通らない。提案内容だけでなく、審査員と審査プロセスがもっとクリエイティブになっていくべきである。(飯石)

Before 行政担当者の一任で審査員が選ばれる

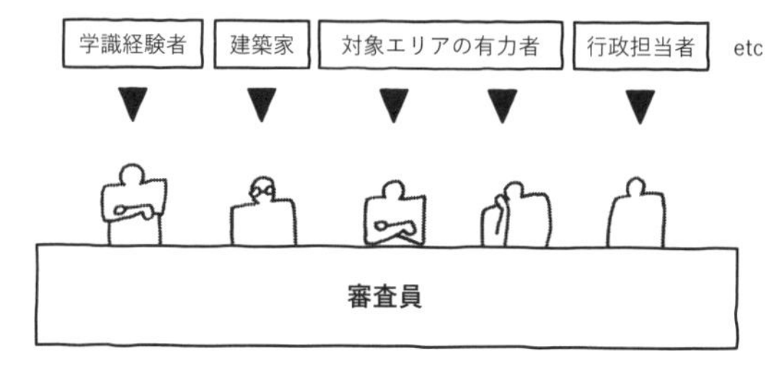

新しい事業提案をしても旧来のままの視点で審査されてしまう現状

After クリエイティブに審査員を選ぶ

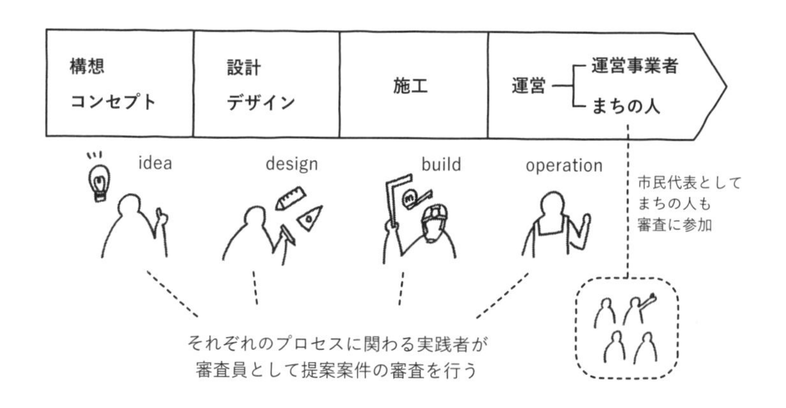

それぞれのプロセスに関わる実践者が
審査員として提案案件の審査を行う

妄想企画 その6

ハコモノの呪縛から解く、ハードとソフトの一体発注

公共R不動産でいつも手を焼くのが、行政の思考に染みついている強烈なハコモノ信仰の残像だ。「行政で整備してあげてから、民間に手渡すものである」という思考パターンが長らく続いてきたせいなのだろうか、使う人が決まる前に、空いている施設のリノベーション工事に手をつけてしまうのだ。民間企業では、ある施設をどんな用途になるのかもわからない段階で工事をすることはありえないが、行政では当たり前にそれが行われている。公共R不動産に持ち込まれる相談の多くで、この事態に遭遇し、慌てて、その後どんな用途になっても対応できるよう、最低限の改修工事にとどめるよう急ブレーキをかけることとなる。

公共施設の活用を考えるステップとして、まずそれを使う事業者を見つけ、彼らの運営ノウハウを反映させた改修の設計・施工をした方が、手戻りもなく、効率がよい。それを一部実現したのが、公民連携手法の代表格とも言えるPFI（Private Finance Initiative）だ。PFIはイギリスのサッチャー政権が小さな政府を目指すなかで、民間の事業効率を公共施設整備・運営に取り入れ、無駄なコストを省きスリム化する手法として開発された。当時は公共施設を整備する際、行政が資金調達から設計、施工、サービス提供まで行うのが一般的だった。それを、資金調達から施設整備、運営まで一括して民間企業に任せ、行政は施設の完成後、民間からサービスを購入して対価を支払うというスキームを導入したのがPFIだ。

一方、現在の日本では、単に行政支出の平準化が目指されている。完全なPFIでなくても、「ハードとソフトの一体発注」だけでも取り入れてはどうだろうか。ソフト事業を先に決めてからハードの発注をするという、順番を変えるのでもいい。発注の順番一つで、ハコモノの呪縛から解き放たれ、使われ方を重視した無駄のない発注に大きく近づく。（菊地）

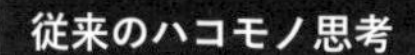

改修工事 ⟹ テナント募集

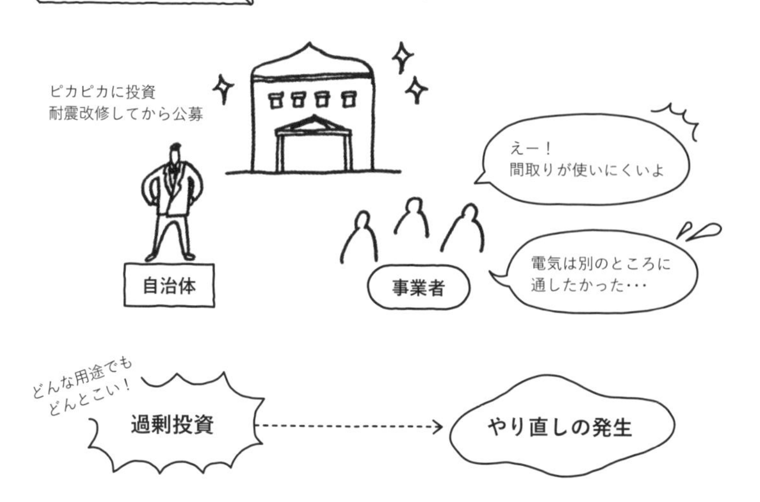

テナント先付け型

テナント募集 ⟹ 改修工事

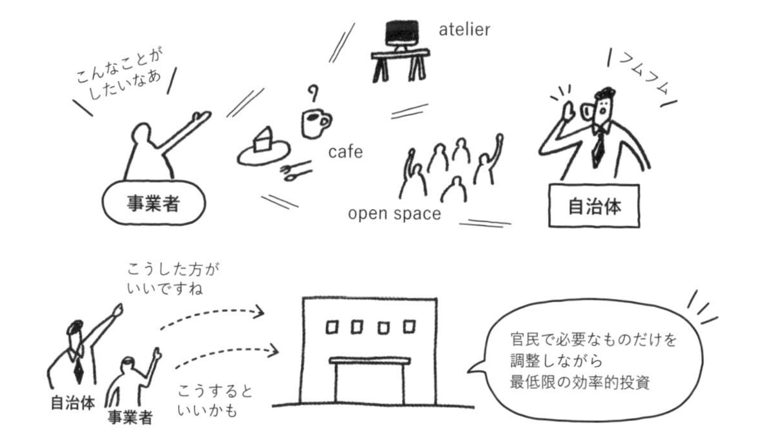

Interview

公園の使い方を開放するルールづくり

町田 誠（まちだ まこと） 国土交通省都市局公園緑地・景観課長
（現・公益財団法人東京都公園協会特命担当部長）

interview：加藤優一　text：土橋 遊

全国に約10万カ所、面積にして12万ヘクタールに及ぶ都市公園。しかし、園内に禁止事項が掲げられ、ほとんど利用されていない公園も少なくない。2003年の地方自治法改正による指定管理者制度の導入や、2009年に施行されたPFI法などによって、都市公園を民間事業者が整備・管理する道が開かれた。そして2017年に都市公園法が改正され、住民や民間企業などによる活用がより加速されることになった。公園法改正に携わった、国土交通省の町田誠さんに改正の狙いと反応について聞いた。

現場を動かすためにルールを変える

— 昨年の都市公園法の改正は大変話題になりました。まずはそのポイントをおさらいさせて下さい。

1）「公募設置管理制度」の創設

カフェやレストラン等の「収益施設」の設置を推進するため、民間事業者に公募で企画提案を求め、事業者を選定する手続きを定めました。収益を広場の再整備等に還元することを条件に、当初から設置管理期間の事実上の延長や建蔽率の緩和などの特例もあります。

2）「占用許可制度」における占用物件の追加

都市公園に保育所など通所型社会福祉施設の設置（占用）を可能としました。

3）「協議会」の設置

利用者の利便の向上に必要な協議を行う組織を法律に位置づけました。公園の利活用にかかる協議や、公園ごとのローカルルールをつくることなども期待されます。

— まず、今回の都市公園法の改正の狙いは何だったのでしょうか。

町田　法改正の第一の狙いは、「現場が動く」ことだと思っています。

都市公園法では住民1人あたりの都市公園の敷地面積の標準を10㎡と規定しています。全国平均では、すでにその目標は達成していますが、すべての公園が質的に優れていて、社会的効用を十分発揮できているかと問われると疑問もあります。

定量的な目標を達成している地方公共団体が多く存在する今、充足したストックをどのようにマネジメントしていくかという視点を持つべきだと思います。つまり、公園を管理する側、運営する側の意識変革が必要だということです。さらに昨今は人口減少、高齢化が進み、一般的に税収も下がる社会において、税金だけで公園を良好な状態で維持管理していくことが難しくなっています。

公園の管理者は、少しでも社会的効用を多く発揮する魅力ある公園にしていくこと、税金を投入して管理する価値があると市民が思えるだけの効用を発揮する公園の姿をアピールしていくことが必要です。その中で、民間と連携して一定程度自立的に公園が運営される姿を目指すべきと思っています。

— 運営側の意識改革する上で、何が一番大事なんでしょうか？

町田　今、必要なのはユーザー目線での公園運営です。現在、公園づくりの議論の場に集まるのは、公園管理者である公務員、コンサルタント、造園工事関係者、遊具などの資材メーカーなどの面々です。彼らはつくるプロであっても、使うプロではありません。こういう場にこそ、公共R不動産のようなアイデアが豊富でプロデュース力の高い人や、使うプロでありながら、運営・コーディネート力のある中間支援組織やNPOの人たちに是非参加してもらいたいですね。

— 法改正の社会的なインパクトについてはどう捉えていますか。

町田　法改正は、制度そのものが複雑だったり細かすぎて、実際にはなかなか使われないことも多いのですが、今回の改正は現場の需要や課題に合った改正だと思っています。

非常に多くの方々に関心をもってもらえたポイントの一つに、改正の目玉であった「公募設置管理制度」があります。これは対象となる公園施設の設置・管理者を、民間事業者から公募で選定できるしくみです。収益の一部を園路や広場などの整備に充てるなどの条件をクリアすれば、規制緩和的なインセンティブを持って民間事業者が収益施設を整備・運営することができます。

広報活動の一環として、私自身も法改正後に全国70カ所ほどで講演をしています（2018年3月時点）が、呼ばれるのは、公園を直接的に管理している部署ではなく、政策企画や財産管理などを担当する部署が圧倒的に多いです。そういう部署は、都市経営を戦略的かつ包括的に考えているので、いち早く民間と連携して都市全体を経営する必要性に気づいています。そのような部署が動き始めることで、公園管理部局も含めた行政全体の民間連携の動きが加速していくことを期待しています。

住民が変わらなければ、公園は変わらない

― 実際に、民間事業者や市民が公園という場所にどのように切り込んでいけばいいのでしょうか。

町田　よく「公園では何もさせてもらえない」と民間事業者の方々から言われますが、実は都市公園法には制約的な事項はほとんど書かれていません。むしろ、幅広く解釈できるような規定になっています。禁止行為については地方公共団体の条例で定められていますが、よくあるパターンとして「利用者に迷惑になる行為」という記載があります。これが根拠となって、「犬を入れてはいけない」といった「禁止看板」が公園管理者の裁量で立てられるわけです。

ただ、公園が本当に使われるようになるためには、究極的にはユーザー側の住民も変わらないとダメだと思います。公園には毎日のように苦情が寄せられます。東京都に在籍していた時の感覚だと、河川や道路の比ではありません。自分の思い通りに歩けない時、道路管理者に文句を言う人は少ないでしょうが、公園は利用者も周辺住民も、少しでもストレスがあれば何か言うという、自己主張がしやすい公共施設なのです。

公園管理者は、イベントを行いたい人などの希望に応えたい一方で、許可してしまったらどんな苦情が来るだろうとまず考えてしまう。すべてを予防的に考えていくと「何も起きない公園」「人が来ない公園」が運営しやすい理想の公園になってしまう。

― 公園を使いにくくしているのは、法律ではなく、住民の問題だったのですね。

町田　本来、運用の際の禁止事項などは、公園管理者が一律に定めずに、公園ごとにすべての利用者の合意によって決めた方がいい。今回の法改正では、公園ごとに法定の協議会を設置できることにしています。これまでの任意の協議会との違いは、法定化された協議会では決まったルールを関係者全員で尊重することが法律に明記されているところです。つまり、ある協議会で「こういう条件なら犬が入ってもいい」という合意が形成されたなら、それをルールとして確立する。苦情などの対応も、行政だけでなく、協議会で住民と公園管理者、関係する行政機関などが話しあって解決する、という公園ができあがっていく。

公園は、すべての人が自分のやりたいことを100％実現（主張）する場所ではなく、皆で共有するセミパブリックでありセミプライベートな場として考えることが必要です。そんなマインドを形成したり、住民自身が公園を主体的に運営するために、協議会制度を活用してほしいです。

待機児童問題の解決にも役立つ、公園×福祉施設の可能性

— 法改正に先立ち、代々木公園にできた「まちのこども園」など、公園に保育所ができた事例も話題になりました。どのような背景があったのでしょうか？

町田　まず2015年度からの国家戦略特区に限定された取り組みで、保育所などの通所型社会福祉施設を公園内に設置（占用）することが可能になりました。これまで18カ所の事業が動いています。通所型社会福祉施設には、学童クラブ、老人デイサービスセンター、障害者支援施設などが該当しますが、2017年には保育所6カ所が開所しています。今回の法改正では、こうした取り組みを、特区以外でも設置できるように変えています。

国家戦略特区の取り組みを始めた時点で、全国に約2万3500人の待機児童がいましたが、事業がスタートした18カ所の施設の定

員を足し上げると、約1800人となり、当時の待機児童の約8%に相当します。国家戦略特区に限っても、これだけ多くの子どもたちを新たに受け入れることができたんです。待機児童という全国的な社会課題に対しても、公園がアプローチできる可能性を改めて感じました。

戦前は当たり前だった公園の民間活用

― 逆に、公園を民間が活用することへの反対意見というのはあるのでしょうか。

町田 「公共の場所で民間事業者が金儲けしていいのか」という民間・行政からの拒否反応はゼロではありません。

こういう公（官）と民の狭間の境界をはっきりさせるという意識が強くなったのは、あくまで個人的な感覚ですが、第二次世界大戦以降のような気がしています。

公園は、1873（明治6）年の太政官布達によって、各地に開設されるようになるのですが、当初は民間経営の料亭や旅館などが公園の中にあることが当たり前でした。群集遊観の地を公園としたのですから当然と言えば当然で、1873（明治6）年開設の上野公園に1875（明治8）年に開業した料亭が今も存在し、こうした民間施設からの上がりの一部で公園は管理されてきたのです。

1956（昭和31）年に法制化された都市公園法も、こうした施設があることが前提になっていて、飲食店や売店、宿泊施設が公園施設として定められ、民間事業者もこうした施設を設置・管理できるという枠組みになっています。ただ、官民の一線をきっちりと引くべきという社会通念が浸透するにつれ、公有財産の民間利用は適切ではないと考えられるようになってきたように思います。

戦前まで東京市内の公園は、民間施設からの上がりや土地の貸し出し、テニスコートやボートなどの料金で運営され、税金を使わず公務員の給料も支払い、新しい公園をつくっていました。それを考

上 代々木公園のまちのこども園／下 上野公園にあるスターバックス

えると、多額の使用料を取って公園運営をすることだけが正解だとは思いませんが、公（官）と民が適切な距離感を持って適正な関係を結び、公の土地の中にも民がどんどん入っていくことで、公園の社会的効用の向上も目指せるのだと思います。

保全からプロモーションへ、変わる指定管理

― 町田さんの考える、これからの公園運営の形とはどのようなものでしょうか？

町田　2003年から始まった指定管理者制度の使い方によっても、公園は変わると思います。ただ、創造的で楽しいプログラムで公園管理を進めている指定管理者団体はまだ少ないです。行政に言われたことをやる保全型指定管理でなく、公園の価値を高めるプロデュース型指定管理がもっと出てきてもらいたい。

また、指定管理者団体で働く人たちが、豊かな人生を描けるだけの報酬が得られているのか心配になることがあります。指定管理料（受託費）も決して安くはないと思うのですが、公園は日々のメンテナンスなどハードに多くの費用がかかります。そういった意味でも、民間企業とNPO法人が組んで指定管理者になるとか、民間企業の集団が、民間施設の設置も含めてまるごと公園運営をプロデュースするとか、この制度を利用して、公園活用の可能性がどんどん広がっていってほしいですね。

町田 誠

国土交通省都市局公園緑地・景観課緑地環境室長。1959年生まれ。1982年建設省入省後、日本各地の国営公園の整備をはじめ公園緑地関係業務に従事。2005年愛知万博の会場整備部長、東京都建設局公園緑地部長等を務めたのち、2016年6月から現職。

6.

領域を再定義する
- 新しい公民連携

公共空間の活用では、「公民連携」や「民間委託」といった言葉ばかりが独り歩きして、連携すること（ともすれば丸投げすること）が目的になっていないだろうか。

誰がどんな役割を担うべきかは、プロジェクトによって千差万別だ。民間だからこそ生まれるアイデア、行政だからこそできる規制緩和、双方をつなぐエージェント。民間は利益を追求するばかり？　行政は稼いではいけない？　既成概念を疑って、もっと自由に領域を再定義しよう。公共空間に関わるプレイヤー全員が、できることを持ち寄って、最高のチームをつくる方法を考えよう。

本章では、従来の役割にとらわれずに公共と民間が連携した事例を紹介する。

上 旧第一庁舎は芝生広場に、旧第二庁舎は立川市子ども未来センターにコンバージョンされた
下 床が畳敷きで、椅子や階段、押入れのような空間で漫画を読める立川まんがぱーく

立川市子ども未来センター

市役所×まんがの幸せな関係

転用パターン：庁舎 → 複合施設	開業年：2012年
所在地：東京都立川市	運営者：合人社計画研究所グループ

庁舎を漫画の図書館に、精神的規制暖和!?

「子ども」と名のつく施設は大抵子どもに関わる「大人」が使うが、この「立川市子ども未来センター」は本当に子どもで溢れている。それもそのはず、4万冊の蔵書を誇る「立川まんがぱーく」が入居しているのだ。心地よい畳マットや押し入れ風のおこもり空間で、子どもだけでなく大人も漫画にのめりこんでいる。

2010年5月、立川市庁舎が新築され、立川駅北側に移転。市庁舎の移転により、北口側には商業施設が増えたが、もとあった南口側の人通りは減少した。そこに、再度新たな人の流れを生みだしたのが、旧庁舎を大規模改修して、2012年12月にオープンした子ども未来センターだ。まったく庁舎っぽさを感じない理由の一つは、旧第一庁舎を取り壊してつくられた芝生の広場だ。旧第二庁舎が、賑わい創出、子育て、市民活動、芸術活動を支援する複合公共施設としてコンバージョンされている。

管理運営は、市民活動、賑わい創出などのノウハウを持つ民間企業9社からなるコンソーシアムが担う。市民活動では「アクティベーター」と呼ばれる市民ボランティアを育成し、絶えず魅力的な活動が行われている。

なかでも人気の「立川まんがぱーく」は、漫画をゆったりと読める有料サービスとして、合人社計画研究所が自主事業で管理運営している。立川は数々の漫画やアニメの聖地で訪れる人も多い。旧庁舎という行政の本丸に「漫画」をコンテンツとして取り入れる勇気ある決断の結果、老若男女、誰もが気軽に足を運べる非常に公共的な施設となっている。(菊地)

オガールプロジェクト

PPPエージェントの日本モデル

転用パターン：空き地 → 複合施設・広場	開業年：2011年	ETC.
所在地：岩手県紫波郡紫波町	運営者：オガール紫波株式会社	

始まりは儲からないものから

岩手県盛岡のベッドタウン、紫波(しわ)町。人口3万人のまちに年間100万人以上が訪れ、地価の上昇率は県内トップクラス。その発端となったのが「オガールプロジェクト」だ。東北の方言で「育つ」という意味の「おがる」から名づけられたその名前通り、駅前の元空き地に「まち」が育っている。

JR紫波中央駅前に放置されていた10ha以上もの広大な空き地は、開発のために町が28.5億円で購入したが、バブル崩壊後、長らく塩漬けとなっていた。そこを複数の街区に分割し、数年かけて整備していった。2011年のサッカー場から始まり、2012年に「オガールプラザ」(図書館、貸しスタジオ、産直マルシェ、カフェ、学習塾等)と広場、2014年に「オガールベース」(宿泊施設、バレーボール専用体育館、薬局等)、2016年には「オガールセンター」(パン屋、アウトドアショップ、ジム、オフィス、集合住宅等)と保育園が完成した。現在は「オガールタウン」にエコ住宅を分譲中だ。

公民連携で収益をあげるスキーム

オガールプロジェクトの成功の秘訣は、なんといっても民間事業者がリードし、補助金に頼らず持続性もデザイン性も高い公共空間を実現したしくみにある。そのしくみがアメリカ型のPPP (Public Private Partnership) エージェント方式だ。PPPエージェントとは、公的な目的を理解・共有し、行政から一定の権限を委譲され、彼らに代わって民間のフットワークの軽さ、意思決定の早さなどポジティブな要素を活かしながら、企画から交渉、資金調達まで担う主体である。

オガールプロジェクトにおいてPPPエージェントに当たるのが、2009年に紫波町が出資して設立したオガール紫波株式会社だ（現在の町の出資比率は39％）。設立当初は、地元出身の岡崎正信氏が事業部長を務め、オガールプロジェクトのエリア計画から施設の整備・発注、開発・運営を一体的に担う会社だ。そのオガール紫波と連携する役所の組織が公民連携室。公民連携室は2年で100回にのぼる住民意見交換会を開き、住民にこのプロジェクトについて理解を深めてもらいながら、2009年に「紫波町公民連携基本計画」をまとめた。

PPPエージェントの機能は多岐にわたる。たとえば、オガールプラザは、オガール紫波が発注者として建設したが、そこでは11億円の資金調達を証券化によって行った。完成後、図書館など公共施設部分を町に8.4億円で売却。残る3億円のうち、民間都市開発推進機構、紫波町、オガール紫波で1.5億円を資本金として出資。あとの1.5億円は東北銀行からの融資で賄った。公共施設以外の建物は、オガール紫波が設立した特別目的会社、オガールプラザ株式会社が所有し、運営・維持・管理を行う。

公共調達より民間調達の方が安く、設計の自由度も高い。役所にとっては効率的な投資方法であり、民間事業者としてもデザイン性を保ちながらリスクを抑えられ、トータルで利用者の満足度の高い空間を実現できるwin-winの絶妙なコーディネーションだ。

また、民間企業なら当たり前のロジックだが、設計前からテナントを先決めし、店舗面積やレイアウトに無駄を出さず建物を発注し、切り詰めた資金計画も成功のポイントだ。オガールプラザ株式会社は数億円の借金を返済しながら、月々300万円ほどの賃料を町に納めている。

地元の銀行から融資を受け、地元の工務店に建設を発注し、建物には地元の木材を使い、テナントも地域の事業者を集め、地域熱供給のエネルギーも地元の間伐材から生みだす。結果、地域に約250人の新しい雇用を創出し、地価も上昇した。素敵なまちには人が集まる。そうすれば、自然とお金は循環するという、急がば回れ戦法だ。（菊地）

上 エリアの中央に位置し、建物群をつなぐオガール広場
下　地元の木材を使って建てられたオガールベース

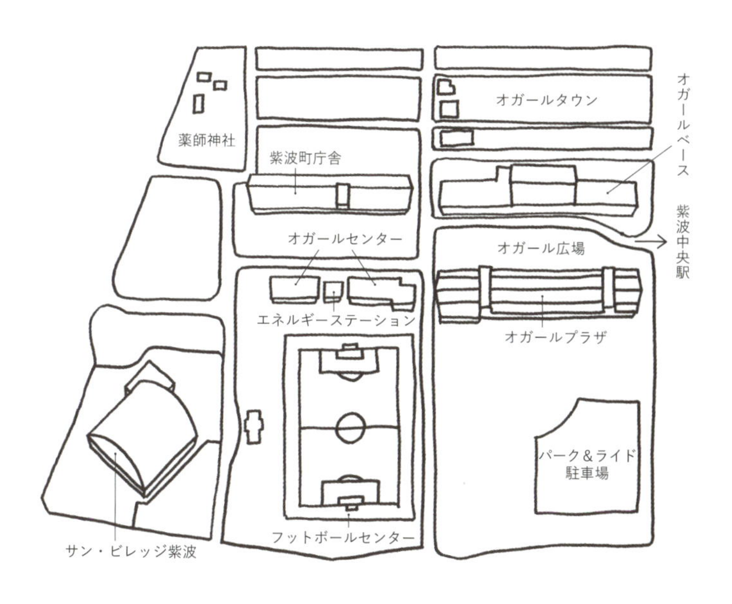

上左 オガールプラザ内の紫波マルシェ／上右 バレーボール専用体育館
下左 オガールプラザ内の紫波町図書館／下右 オガールタウンのエコ住宅

ブルックリン ブリッジパーク

自力で稼ぐ、独立採算の公園

転用パターン：港湾 → 公園	開業年：2010年
所在地：アメリカ・ニューヨーク市	運営者：NPO Brooklyn Bridge Park Corporation

荒廃した港湾施設を水辺のランドマークへ

Brooklyn Bridge Park（ブルックリンブリッジパーク）は、ニューヨーク・ブルックリンのイーストリバー沿い約2kmにわたり広がる、倉庫等の港湾施設を転用した広大な公園。公園内にはメリーゴーランド、バーベキューができるピクニックエリア、人工の砂浜、川沿いの緑道、ローラースケートリンク、ボール競技用コート、噴水公園、移動図書館、ドッグラン、自由の女神を望む飲食店など、魅力的な施設が整備されている。週末に催されるフードマーケット「スモーガスバーグ」は、毎回100店舗以上の飲食店がブースを構え人気を博す。

公園建設のきっかけは1984年まで遡る。当時港であった土地を所有していた港湾局は、貨物輸送の終了に伴い、港湾施設一帯を商業開発のために民間企業に売却すると発表。その再開発計画に反対するコミュニティ活動をきっかけに、この土地の公共的な価値が再評価され、商業開発以外の可能性が模索されることになる。水害の可能性や老朽化が進む桟橋の維持管理コストなどが課題であったが、1998年には計画立案を請け負うための会社を設立。2000年に「ウォーターフロントの公園にする」というマスタープランが打ち出され、2002年にはパタキ州知事とブルームバーク市長が公園建設の合意書に調印した。この合意書で特筆すべきは、公園の管理・運営費を運営主体の独立採算にすることが条項で明示された点である。具体的には、公園敷地を開発することにより得られる収入で管理・運営費を賄い、敷地の20％までを公園以外の商業用途に開発できるものとされた。この合意書に基づき、2008年から公園建設に着工し、2010年以降、整備が完了した部分から順次オープンしている。

独立採算の運営スキーム

公園を運営するNPO「Brooklyn Bridge Park Corporation（ブルックリンブリッジパーク・コーポレーション）」（以下、BBPC）によれば、年間約1600万ドルの管理・運営費のうち96.1％を、公園敷地の9％を占める住宅棟、ホテル、複合商業施設の地代収入とPILOT（Payment in Lieu of Taxes：住宅所有者に課せられる、土地が公有地であるために免除されている固定資産税相当額分の支払い。これは本来、市が徴収するものだが、独立採算を維持するために、市から許可を得て、BBPCに直接支払われている）で賄い、3.9％を園内レストランなどの営業権収入とイベント収入で賄っている。収入の大部分を地代とPILOTによっているため、地価の上昇は収入増に直結するが、その地価を公園の人気が支えている、という循環もさすがである（公園内の住宅棟の販売価格は、1部屋150〜1100万ドルともいわれている）。

独立採算を保つために財務計画は随時見直され、修繕費の積み増しや景気の変動に対応している。2016年には、海上で腐食が進む桟橋の維持管理コスト3億4200万ドルを賄うために新住宅棟を公園内に建設することを決定。オープンスペースの減少や低所得者層向けの住宅不足を憂う地元団体との軋轢が心配されたものの、最終的には適法に開発に着手した。その他にも、駐車場の増設や商業店舗の誘致、有料プログラムの拡充など、収入増につながるさまざまなアイデアが検討されている。

ニューヨーク市では100年ぶりの大規模公園開発事業となったブルックリンブリッジパーク。管理・運営費を敷地の開発により賄うという手法は世界でも他に例を見ない。さらに50年にわたり自律的に運営していくために、エリアの価値を高める試行錯誤が今日も続けられている。（松田）

上左 公園周辺の倉庫もリノベーションされ、エリア全体の地価が上昇
上右 イーストリバー越しにマンハッタンを望む公園でウェディング・フォトセッション

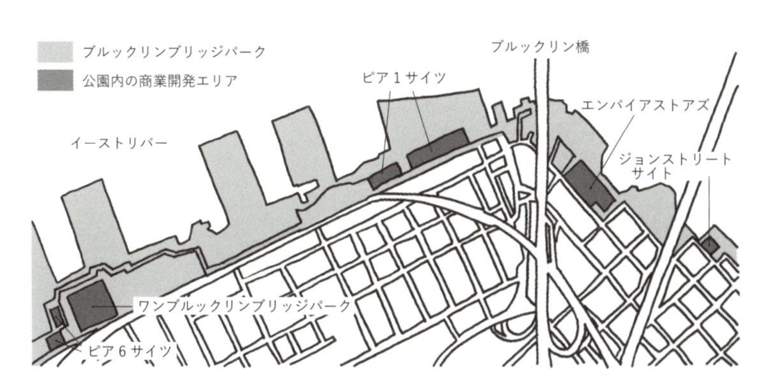

下 寂れた港湾施設が人々の憩いの公園に生まれ変わった

台東デザイナーズビレッジ

廃校で起業を学ぶ

転用パターン：小学校 → インキュベーション施設	開業年：2004年
所在地：東京都台東区	運営者：台東区

クリエイターを生みだすまちの施設

台東区が運営するインキュベーション施設「台東デザイナーズビレッジ」(通称：デザビレ)。ファッションや雑貨、デザイン関連ビジネスでの起業を目指すデザイナーやクリエイターを支援する施設で、希望者は応募をして審査に通れば3年間の期間限定で入居することができる。現在は19社のデザイナーやクリエイターが入居し、ビジネスを伸ばしている。

1928(昭和3)年に建てられた旧小島小学校をリノベーションし、2004年にオープンしたデザビレ。入居者はレトロな雰囲気の空間に低額な家賃でアトリエを持つことができ、制作や展示スペースなどは共有で使用できる。近隣には、材料仕入れから加工まで、ファッション雑貨関連企業が集積し、ものづくりに最適な環境だ。

この施設の特徴は、台東区の直営だが、民間のインキュベーションマネージャー（通称・村長）を採用していること。民間の目線で創業のアドバイスをしたり、入居者同士をつないだりと、行政だけでは手の届かない細やかなサポートを行っている。過去80組以上のデザイナーやクリエイターが起業家として成長し、ビジネスを拡大させて卒業していった。

もともと台東区南部は古くから、装飾品やファッション雑貨、玩具などの産業が盛んで、製造・卸の集積地としての歴史があった。デザビレの誕生をきっかけに、若いデザイナーやクリエイターを呼び込み、「徒蔵／カチクラ」エリア（御徒町〜蔵前〜浅草橋にかけての2km四方の地域）として新たな価値を生みだしている。(飯石)

どこかなつかしい校舎で若者がビジネスを学ぶ

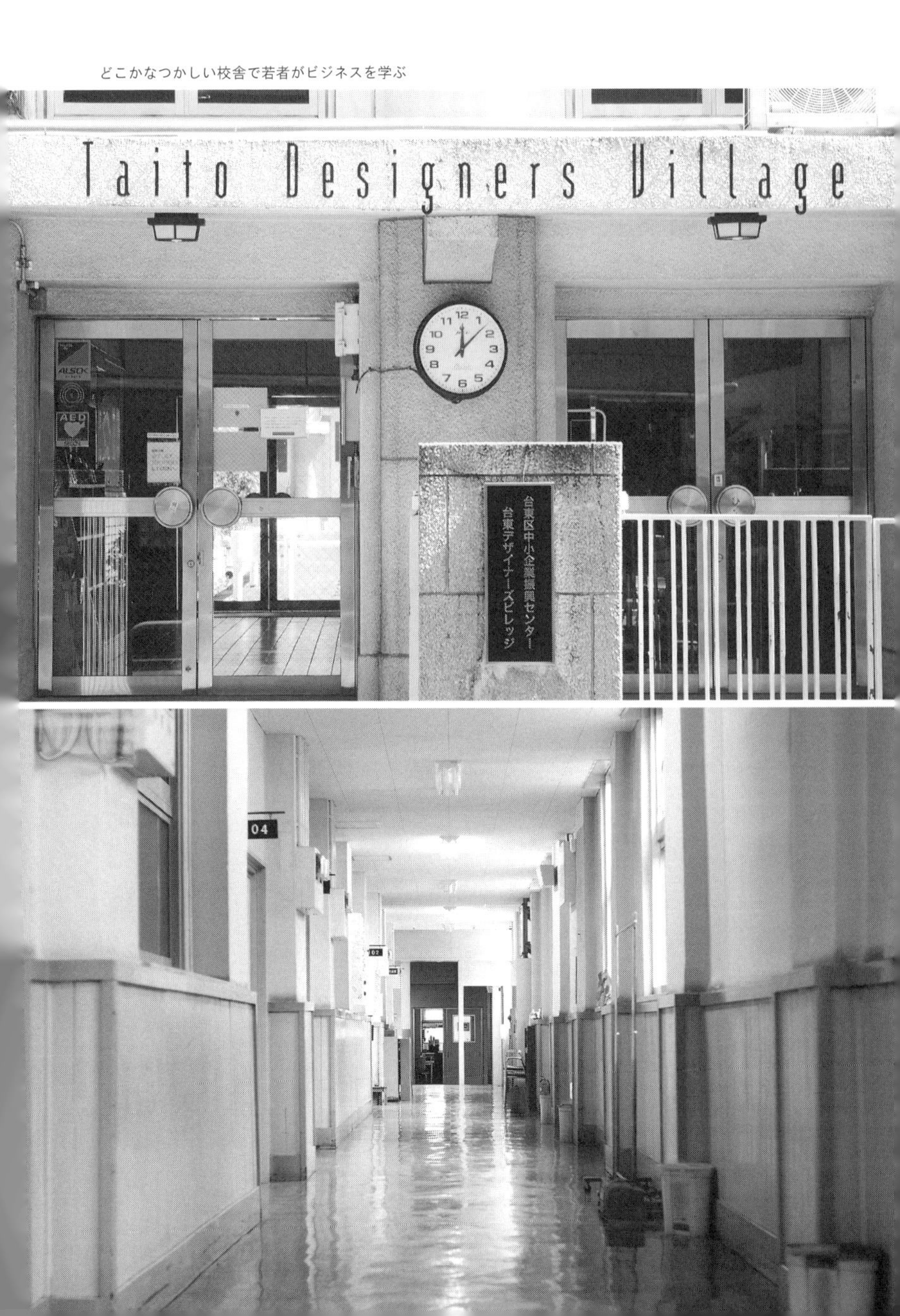

COLUMN5

健全な公共投資のしくみ、BID／TIF

稼ぐ公共のしくみ、BID

「稼ぐ公民連携」というキーワードで、公共施設と民間事業を組み合わせることで、事業収益を上げていきながら財政負担も軽減していく、そんな事業スキームの導入が進んでいる。

長年日本への導入が検討されているBID（Business Improvement District）。アメリカやイギリスで主流となっているBIDとは、エリアのビルオーナーを中心に資金を税金や分担金として集め、そのエリアの運営組織の活動原資として再配分するというしくみだ。1970年代にカナダで生まれ、1980年代からアメリカ、オーストラリア、ニュージーランド、南アフリカなどに広まり、2000年代からはイギリス、ドイツでも制度化された。現在、類似の制度も含めれば、世界で約2000地区あると言われる。

ニューヨーク市内には現在70を超えるBIDが存在している。2016年の市の報告によると、BID団体の収入の全体の80％はBID税（＝BID負担金）となっており、圧倒的な割合を占めている。また、支出については、清掃（25.0％）、警備（16.5％）、マーケティング（13.5％）、道路および景観形成事業（8.1％）の順番となっている。

ニューヨーク市のBIDの事例としては、マンハッタンのグランドセントラル駅周辺エリアや、ブライアントパーク、タイムズスクエアなどが有名だ。BIDでは、清掃や警備など、日々のルーティーン業務のほかに、エリアに新たな価値を生みだし人を呼び込む事業をつくることが求められている。そうして、通常企業が実践するようなマーケティングを効果的に行い、さまざまな企業スポンサーが出資するイベントも積極的に企画されている。

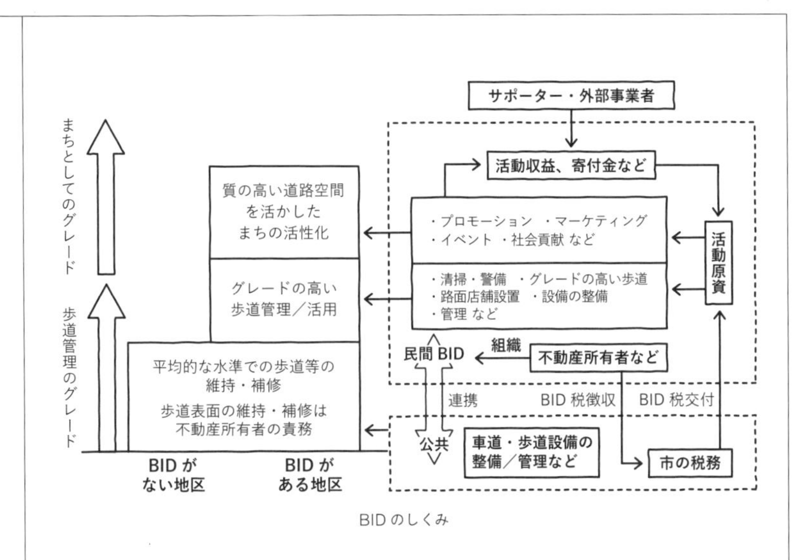

BID のしくみ

日本版 BID の誕生

日本では2015年に大阪市でBIDに近い制度運用が始まった。対象エリアは、JR大阪駅北側の大規模複合施設「グランフロント大阪」を含む「うめきた先行開発区域」。エリアの地権者12社で構成したエリアマネジメント団体「グランフロント大阪TMO」(大阪市)が、最初に制度適用した団体である。

大阪版BIDは、都市再生特別措置法の「都市再生推進法人」の枠組みを使い、地方自治法の「分担金」を財源としており、新たな税制が創設されたわけではない。エリア内の地権者から市が分担金を集め、エリマネ団体に補助金として提供するという流れになっている。

そして大阪市での運用が始まって数年が経ち、ようやく国が動きだした。国土交通省および内閣府が、地域再生エリアマネジメント負担金制度(通称:日本版BID)を創設することとなった。いわば全国的にBID制度の導入を推進するための制度と言ってもいいだろう。基本的な流れは大阪版

COLUMN5

BIDとほぼ一緒だ。日本版BIDも、BID税の徴収までは到達できず、地権者やエリマネ団体の会員向けに負担金の徴収ができる、というものだ。

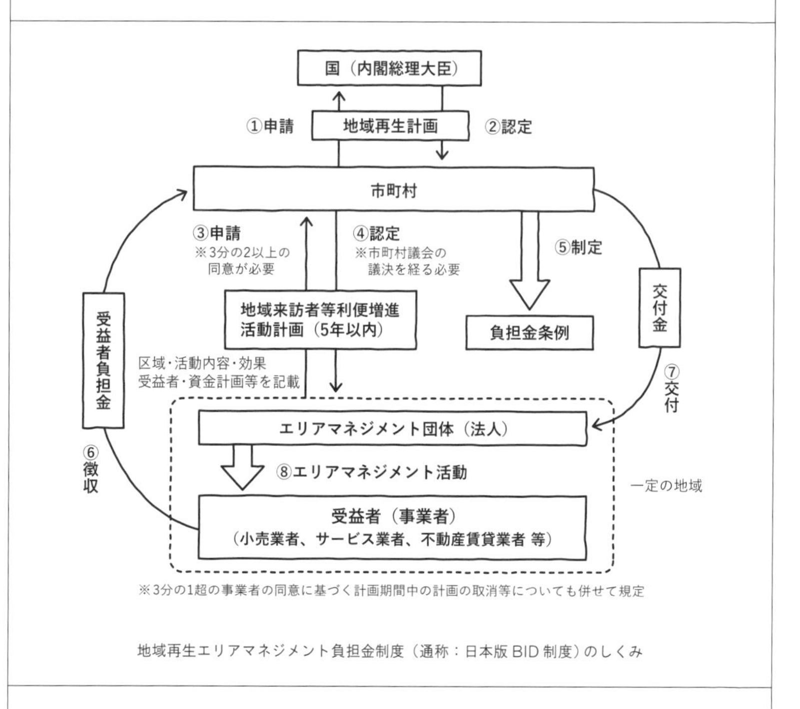

地域再生エリアマネジメント負担金制度（通称：日本版BID制度）のしくみ

先行投資型のまちづくり資金調達、TIF

BIDは徴収した負担金を活用して事業を展開していくが、先行投資でエリア価値を上げることにコミットしてお金を動かすしくみもある。それがTIF（Tax Increment Financing）だ。日本ではあまり馴染みがないが、海外ではBIDとセットで扱われることが多い。

TIFはもともと、劣悪な市街地で道路や上下水道、公園などのインフラを整備する際に活用されていた。開発公社に債券を発行させて、資金を調達してインフラを整備をする。整備が進めば、そのエリアに民間企業が集合住宅や商業施設をつくり、徐々に固定資産税は上昇する。その増えた分を債券の返済にあてていくというスキームだ。

シカゴでは、行政がTIFを使って資金調達し、将来的にはその資金を税収増で返済していくというしくみで、基盤整備や公共投資を行っている。このしくみの前提にはTIFとBIDの一体的な運用があり、そのエリアの地権者たちが公共投資の成果を活用してその地域の価値を上げることをあらかじめ協議したうえで取り組みが行われている。

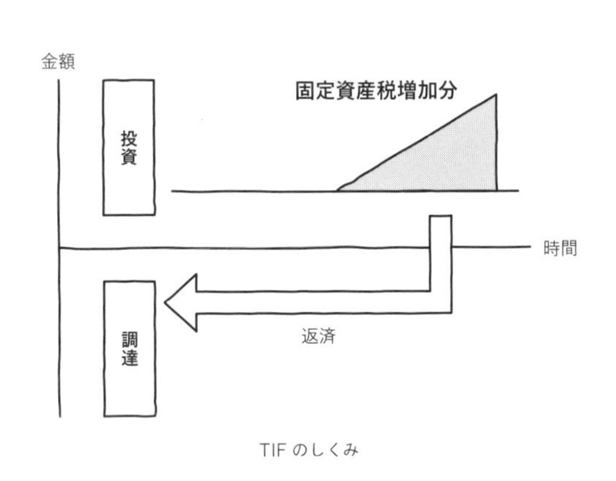

TIFのしくみ

公共事業におけるファイナンスの考え方

欧米型のまちづくりは、税収の一部が資本金になるため、投資額の桁が日本とは異なる。居心地のよい空間を生みだすには、ある程度先行投資型でハード整備をしながらソフトのサービスを掛け算していく必要があるが、会員からの年会費や寄付等では限界がある。ニューヨークのように、固定資産税にBIDを上乗せして徴収するという枠組みを日本で導入するのはすぐには難しいものの、投資した分エリアの価値が上昇して地価が上がるといった具体的なメリットを感じられる負担金徴収のしくみが導入されると、エリアマネジメントやまちづくりはもっとダイナミックになると期待される。(飯石)

Interview

オープンスペースのデザインから エリアを変える

長谷川浩己(はせがわ ひろき) オンサイト計画設計事務所

interview：飯石 藍　text：土橋 遊

新しい公民連携モデルとして注目を集める岩手県紫波町の「オガールプロジェクト」(p.160参照)。図書館、宿泊施設、体育館などさまざまな機能がデザインされているが、それらの結節点となっているのが、敷地の中心に位置するオガール広場。子どもたちが自由に遊び、お年寄りが憩い、家族がバーベキューを楽しむ。
2017年に都市公園法が改正され、公園をはじめとしたオープンスペースの価値が見直されつつある。多様な人々が心地よく使えるオープンスペースの設計にはどんな視点が必要なのか。オガール広場でまちに新しい風景をつくりだしたランドスケープアーキテクトの長谷川浩己さんに聞いた。

スピード感の決め手はデザイン会議

― オガールプロジェクトにランドスケープアーキテクトとして関わられるようになった経緯や設計の進め方について教えて下さい。

長谷川　オガールプロジェクトは、アフタヌーンソサエティの清水義次さんからの1本の電話で始まりました。このプロジェクトでは、清水さんが座長を務める「デザイン会議」[*1]という場がとても重要でした。この会議は、後にオガールプラザの代表取締役になる岡崎正信さんらがファシリテーターを務め、プロジェクトのプロデューサーからデザイナー、行政の職員らが一堂に集まり、プロジェクトに関わるさまざまなことを「決定」していく場でした。ピーク時は年に4～5回行われ、毎回事前にアジェンダが設定され、現状の課題の共有と解決する方法をみんなで決めていきます。このようなあらゆる層のプレイヤーが参加するデザイン会議という場があったからこそ、物事が大変スピーディーに決まっていった。まちの規模が小さいこともありますが、公共の仕事ではありえないスピード感でした。

住民に問うのは「何が欲しい?」ではなく「どう過ごしたい?」

― 住民向けワークショップはどのくらいの頻度で行われましたか?　また、ワークショップではどういうことを大切にされていましたか。

長谷川　住民向けワークショップは、広場、図書館、子育て支援など、部門ごとに行われていました。僕は広場を担当し、全部で5～6回行いましたね。ファシリテーターは、市の公民連携室の鎌田千市さんとカントリー・ラボの宮崎道名さん。

ワークショップでは、「何が欲しいか?」という希望を聞く場ではなく、「ここで何をしたいか?」というアクティビティを考える場にすることを大切にしました。欲しいものを議論すると必ず揉めます。スペース的にも予算的にも、できることは限られていますから。
　ワークショップの流れとしては、前半でアクティビティのイメージについてみんなで話しあいます。後半は、それらの意見を僕が編集し、みんなのイメージを実現するためのアイデアを提案します。その際、「皆さんの意見を聞いた上でこう考えました」「皆さんの希望は、こういうところに込めています」ということを具体的に説明するようにしました。ワークショップは、住民にどういう意識を持って参加してもらうかを設計することが大事です。
　そのようにして各ワークショップでつくられたプランをデザイン会議に持ち寄り、全体の方向性を決めました。デザイン会議は「こういう場にしよう」という共通の解釈や意思をつくりあげ、それぞれの部門で噛み砕いていくための場です。各ワークショップの案に対して他のメンバーが口を挟むこともあれば、行政職員が制度面での実現可能性をその場で判断したりすることで、スムーズに意思決定をしていきました。

エリアの価値をどう捉え、どう表現するか

— 長谷川さんは星野リゾートなど民間企業の仕事もされていますが、公益性を重視する公共の仕事と、ビジネスとして成立させなければならない民間企業との仕事で、スタンスや重視されることの違いはありますか？

長谷川　「知らない人と場所を共有する」という意味では、民間も公共も、オープンスペースの役割としてはあまり変わらないと思っています。民間の仕事でも、周辺の住民との関係性を築くために、地域の方々と5年間ほど話しあった案件もあります。
　僕が基本的に考えていることは「そのエリアの価値をどう捉え、どう表現するか？」ということ。嬉しいのは、星野リゾートでもオガールでも、プロジェクトチーム全体で「エリアの価値はデザインの価値と結びついている」という共通認識を持ちながら進めていけたことですね。それは、仕事を進める上で大変大きなモチベーショ

ンになっています。

公共の仕事と民間の仕事では、かけられるお金が違います。民間施設の場合はお客さんに満足してもらえるデザインを重視していることはもちろん、中長期的なメンテナンスや管理も見据えた投資をしています。また、民間施設の場合は、ターゲットのイメージを捉えやすい。一方、オガールのような公共施設の場合は、ターゲットとなる周辺住民といっても、200m 先に住んでいる住民と、たまに車でやってくる隣町の市民とでは、期待する過ごし方がまったく異なります。ワークショップやデザインプロセスでは、そのあたりがいつも悩みどころですね。

誰のためのデザイン？

― 地域といってもそれぞれの住民のニーズはさまざまです。住民も行政も近隣企業も関係者すべてが満足する場をつくることは非常に難しい状況で、実際にどんな視点で設計されているのでしょうか？

長谷川　オガールでは、「公共空間はデザインが大事」ということが関係者の間で強く意識されていました。公共のプロジェクトによっては、「住民参加」自体が目的化しているケースもありますが、それとは対極です。デザインを重視すること自体はもちろん賛成でしたが、デザイナーの自己満足で形の格好良さだけを追求するのではなく、実現に関わった人だけが満足するのでもなく、不特定多数のまだ見ぬユーザーに受け入れてもらえる状況をデザインとして追求することを目指しました。

そのために、「1人でもいられる場所」をキーワードにデザインをしました。なぜなら、プロジェクトの過程でデザイナーが直接話すことができるのは、いくらワークショップを重ねたとしても、結局その場を使いたい人たちがメインとなります。「1人でただ気持ちよく過ごせればいい」という潜在的なユーザーはワークショップには来ません。だけど、僕らは、そういう人々にも届くデザインをしないといけないと思っているんですね。そうじゃないとランドスケープデザイナーとしての存在価値がないとすら考えています。

「1人でもいられる場所」を意識することが、「まだ見ぬ誰か」をイメージするとっかかりになります。1人でいても楽しめて、周りからも羨ましくリッチに見える、そんな場所をつくりたいと思っています。

機能面でゾーニングしないオープンスペース

― 長谷川さんは、オープンスペースの価値についてどのように捉えていますか？

長谷川　たとえば、ある広場のファンになってくれて、毎日訪れるおじいさんがいても決してお金にはなりませんよね（笑）。建物ならテナント料で稼げても、オープンスペース単体で稼ぐことはできません。だからこそ、カフェやイベントなど、その場所を使って稼ぎたい人たちにとって使いやすいことが必要なのですが、常に何かが行われていないともたない空間はつまらないと思います。

幕の内弁当のように、ここにはご飯、ここには卵焼きと切り分けると、小さいニーズには応えられても、ニーズが増えたら応えられなくなってしまう。ですから、「1人で過ごす人の場所はここ」で、「稼ぎたい人の場所はここ」と、機能面でゾーニングしない方がいい。オープンスペースを軸に空間全体がつながり、周辺エリアに価値が生まれるようにデザインすること。それでいて、その場を使って何かやってみたい人が簡単にコミットできる仕掛けをつくりたいと考えています。仮に、オガールの広場が駐車場だったら、その両側に図書館や宿泊施設がつくられても周囲に人の流れは生まれないでしょうし、オガールという空間全体が一つにつながらなかったでしょう。

デザインとマネジメントをセットで考える

― 長谷川さんが実践されている、一般的なランドスケープデザインの領

上 ほしのや富士 クラウドテラス／下 オガール広場 東広場

域にとどまらない仕事のやり方はどのように培われたのですか？

長谷川　どの仕事でも、デザイン単体ではなく、誰がどのように運営・管理するかを考えます。デザインの提案時には完成後の管理方法にも言及しますし、完成後も、運営・管理者からのフィードバックを大切にしています。そのように、デザインとマネジメントをセットで考えるようになったのは、ワークショップをやっていると、どうしてもある地点から先に進まなくなってしまうというジレンマに陥ることがあるからです。

特に大規模なプロジェクトの場合は、さまざまなニーズを持つ住民がいます。たとえば、緑を増やすことに対する反応も、人それぞれです。自分にとって迷惑なものができるんじゃないかと不安を感じている人も当然います。オープンスペースは、100人なら100通りのイメージがある分、口を出しやすい。そうすると話が先に進まない。この仕事を続けているうちに、条件反射のように出てしまう各人固有のイメージをほぐすには、デザインだけでなくマネジメントを同時に提案しないと前に進まないことがわかってきました。マネジメントとデザインは併せ持たないといけません。

選ばれるオープンスペースへ

― 最後に、長谷川さんの考える「これからのランドスケープデザイン」とはどのようなものでしょうか。

長谷川　僕はよく、オープンスペースにおける「空き地性」と「庭性」について考えます。この双方をどういうバランスで確保するかが、デザインの大きなポイントの一つです。オープンスペースにおいては、庭性がなければ設計者が関わる必要がないし、さらにその庭を開かれたものにできなければ人を呼べません。空き地性とは余地のようなもので、そのオープンスペースを多様に展開するために必要なキャラクターです。

皆さんはカフェやレストランに行く時、自分が心地よい空間を選びますよね。オープンスペースも、すべてが同じようなニュートラルな場所になるのではなく、ユーザーがその日の気分で選べるほど特色のあるオープンスペースが増えてほしいですね。

そんな特色のあるオープンスペースをつくるために大切なのが、誰がオーナーなのかということ。公共空間の場合、オーナーが曖昧になりがちです。公園でも広場でも、そこに家守[*2]みたいな存在がいて、その人のセンスや趣味が反映され、価値観に共感した人がやってくる。デザイナーは、そのセンスや趣味を形にするサポートをする。そうして公共空間がおもてなしの場所としてまちに開かれているのが理想だと思っています。そういう意味で、デザイナーも、デザインだけでなくまちの価値や住民の意思を引き出すことに対して、もっと積極的に関わったらいいと思います。

公園はこれまで、行政区分上も土木と建築の間で個性の出し方が難しかったのですが、都市公園法が改正（インタビュー p.148参照）されたこともあり、今後どんどん発明が起きる場所になると思います。公園以外にも、駅や墓地などあらゆる場所が「オープンスペース」や「パブリックスペース」として活用できる。今後もそのようなオープンスペースの再発明にチャレンジし続けていければと思います。

＊1 清水義次氏が座長を務め、オガールプロジェクトの公共空間のあり方を検討するために設置された。長谷川浩己氏、建築家の松永安光氏、建築家の竹内昌義氏、投資銀行家の山口正洋氏、公民連携室室長の鎌田千市氏などがメンバー。

＊2 地域住民と自治体間の関係調整から、地域の価値を高めるエリアマネジメントまでを行う、民間主体のまちづくり事業者。

長谷川浩己

ランドスケープアーキテクト。オンサイト計画設計事務所パートナー、武蔵野美術大学特任教授。1958年生まれ。千葉大学卒業、オレゴン大学大学院修了。ハーグレイブス・アソシエイツ、ササキ・エンバイロメント・デザイン・オフィスなどを経て現在に至る。多々良沼公園 / 館林美術館、丸の内オアゾ、東雲 CODAN、星のや、日本橋コレドの広場、虎渓用水広場、オガール広場などを手がける。

7.

“公共”を自分事にする
– パブリックシップ

公共空間は誰のためにあるのか。最後の章では、この根源的な問いを考えてみよう。

万人受けを目指した誰のためにもならない空間や、ガチガチに管理された空間はもういらない。所有者や管理者が誰かにかかわらず、受益者が適切に利益と責任（リスク）を分担して、よりよく使う方法を考えよう。

本章では、当事者意識を持ち、身近な場所のポテンシャルを自ら引きだし、空間の変化から働き方や暮らし方を一変させた事例を紹介する。

西予市役所

オフィス改革から始まる行政改革

転用パターン：庁舎 → 庁舎	開業年：2016年
所在地：愛媛県西予市	運営者：西予市

産学官によるオフィス改革の実験

西予(せいよ)市役所の4階フロア。ここには、総務課、財政課、まちづくり推進課、総合政策課の四つの課があるが、課の境界はない。さまざまな場所で対話が生まれ、そこには市民の姿もある。堅苦しい役所のイメージを刷新するオフィス空間だ。このフロアは、職員が自らのワークスペースと働き方を考え、生産的かつ創造的に業務を推進するための実験から生まれた。

愛媛県の南部に位置する人口約3万9000人の西予市。2004年に五つの町が合併して生まれたが、2019年に合併特例債の期限を迎え、普通交付税の約16億円が削減されることから、業務の効率化・健全化が不可欠だった。そこで市では、コミュニケーションの活性化や業務効率化を図り、市民サービス・市の魅力向上につなげるため、オフィス改革をスタートする。

2016年、市は産学官連携の協定を結び、オフィスの環境計画が専門の仲隆介氏（京都工芸繊維大学）、心理学が専門の戸梶亜紀彦氏（東洋大学）、設計を担う馬場正尊（オープン・エー）の三者と協働し、4階の1フロアでオフィス改革を始めた。フリーアドレス制や新しいオフィスのシミュレーションなどを行い、職員に働き方を考える意識が醸成されていった。その結果、「その日の業務内容に応じて環境を選べることで主体性が生まれ、業務の質と生産性の向上につながる」という考えに行き着いた。

多様な働き方を支える空間

新しいオフィス空間のコンセプトは「働き方のモードを選べるオフィ

ス」。調査やワークショップから抽出された、下記の五つの特徴を持つワークスペースを用意した。また、空間のリニューアルに合わせてICTツールを導入するなど、デザインとしくみの双方向から改革を図った。

1. ウェルカム（市民の応対）／ 職員と市民の距離感を縮めるため、職員と市民の境界となるカウンターを一部廃止し、丸テーブルを設置。木材を基調にした柔らかい雰囲気に。

2. チーム（部署内の協働）／ 課ごとのフリーアドレス席（チームアドレス制）を採用。合わせてノートパソコン・PHSの支給、デュアルモニターの設置、資料の電子化・ペーパレス化を図る。

3. コラボ（部署間の共有）／議論を可視化するガラスボード、可動式の家具、ボックス席など、気軽に打合せができ、情報共有をスムーズに行える空間に。

4. プレイ（気分転換）／多様な使い方ができるカフェのような空間に、消耗品や給湯スペースを集約。コミュニケーションを誘発する仕掛けを散りばめ、休息や会話が自然に生まれる空間に。

5. パーソナル（集中）／窓際に個人作業を行いやすいカウンターを設置。コミュニケーションの量が増えても集中できる空間を確保。

行政組織が空間で変わる

縦割りの弊害、会議の形骸化、膨大な書類…、何かと批判されがちな行政組織だが、その慣習がこうした取り組みで変わりつつある。リニューアル後のアンケートや観察調査では、課を超えたコミュニケーションが増加したほか、職員の意識も自律的に仕事に取り組むよう変化したことがわかった。また、ペーパレス化で書類保管量は約50％に減り、市議会でも議場へのタブレットの持ち込みが進められている。

人口減少に伴う財政難への対応は全国的な課題であり、業務の効率化という観点からも、行政職員の働き方改革≒庁舎におけるオフィス改革は今後あらゆる自治体で必要とされるだろう。（加藤）

上 リニューアル後のその日に合った働き方を選べる空間／下 リニューアル前の書類だらけの窮屈な空間

上 境界のないウェルカムスペース／下 多様な空間が各課の協働を促すワンルーム（計画時の模型）

氷見市役所

世界初、体育館を活用した市役所

転用パターン：体育館 → 庁舎	開業年：2014年
所在地：富山県氷見市	運営者：氷見市

オープンな大空間を使いこなす

体育館だった面影はまったくない。かといって既存の市役所ではありえないような、開放感のある空間だ。

1階のエントランスを入ると、まずコンシェルジュが迎えてくれる。入って左側が市民向けの窓口だ。ワンストップサービスを目指してデザインされ、天井の色分けされたパイプがガイドとなっている。オレンジは子育て関係、黄色は介護関係といった具合に業務ごとに配置され、市民の利便性が重視されている。

エントランスを入って右側は地域協働スペースだ。外資系企業のオフィスのようなアクリル板で区切られたブースが3室。住民はいつでもここに地域の課題を持ち込みワークショップを開催できる。北欧で開発されたフューチャーセンターのような役割を担っている。

2階が職員の執務室だが、体育館の柱や壁のない構造を活かし開放的な空間となっている。目を引くのが天蓋のようなダイナミックな天井。これは過剰装飾ではなく、天井の高い体育館を使うにあたり、光熱費を節約するために編みだした工夫だそうだ。大きなスペースをとる空調設備もホワイトボードで囲みあえて通路の真ん中に配置されている。二つの体育館と校舎の一部以外は取り壊され駐車場となったが、校舎は学校だった頃のテイストを極力残し、会議室棟として使われている。

廃校×庁舎はベストの組み合わせ

6811校。2002～15年に発生した廃校の数だ。廃校の活用例は比較的多いが、体育館部分を市役所にコンバージョンした例は、日本で、あるいは世界でも、この氷見市役所だけだろう。

1968年に建てられた旧庁舎は、耐震基準を満たさず建て替えが急務となっていたが、津波の洪水浸水想定区域に位置していたため、同じ場所での建て替えは困難だった。そこで、都市計画課の職員から出された妙案が、廃校となっていた旧有磯高校の体育館を使うというアイデアだった。もともとこの高校には体育館が2棟、しかも1991～96年に整備されており、改修コストを最小限に抑えることができるのもポイントだった。耐震化と木質化の補助を受け、約19億円の総工事費のうち市の負担は8億円で済んだ。この型破りな庁舎のデザインは、プロのファシリテーターであった当時の市長が、アイデア段階から市民の意見を取り入れながら実現した。なるほど、プロセスを変えると、こんなにもアウトプットとしての空間は変わるのだ。

公共施設が不要になると、使い手を民間事業者から探すのが一般的だが、建て替えが必要な行政施設の機能の移転を図るのも非常に有効な手立てだ。特に庁舎の建て替えは後回しになることが多く、学校は人口減少で統合廃止になりやすいことから、この組み合わせは今後、全国で参考になるに違いない。ピンチをチャンスに転換した素晴らしい庁舎だ。(菊地)

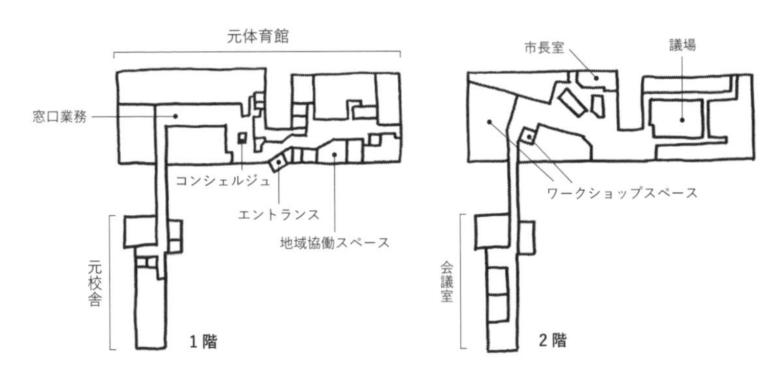

元体育館をコンバージョンした氷見市役所のプラン

上 外観は体育館当時のまま
下 旧有磯高校。二つの体育館と教室棟の一番左部分だけを庁舎にリノベーションし、残りは取り壊して駐車場に

上 執務机の間に突然オープンなワークショップスペースが／中左 ガラス張りの市長室／中右 床のカーペットをめくると、体育館の床が現われる／下左 役所の総合受付よりフレンドリーなコンシェルジュ／下右 フィーチャーセンターのような機能を期待される地域協働スペース

台東山海鐵馬道

再発見された、まちの裏側のポテンシャル

転用パターン：線路 → 遊歩道	開業年：2010年	
所在地：台湾・台東市	運営者：台湾好基金会	

使われなくなった線路でウォーキング

台湾の東南にある人口10万人ほどの小さなまち、台東市。新しい鉄道路線が開通し、使われなくなった旧台東駅やターミナル周辺が音楽&アートビレッジ「鐵花村（鉄花村）」に、廃路線はウォーキング&サイクリングトレイル「台東山海鐵馬道（台東山海鉄馬道）」に生まれ変わった。

台東はアクセスしづらく、土着の文化が強く残る場所。台湾は多民族国家だが、特に台東は原住民が多く住み、彼らの音楽がまちに溢れている。鐵花村では毎晩パフォーマンスが行われ、出店する屋台には地元の工芸品や食べ物が並ぶ。住民も観光客も一緒に楽しむ、とてものどかな風景が広がっている。

さらに使われなくなった線路の半分を木製デッキにして、まちの外周をぐるりとまわるウォーキング&サイクリングトレイルにつなげた。かつての鉄道車両も芝生に置かれ、子どもたちの遊び場になっている。

このトレイルで、地元の人々は毎日ウォーキングしている。台湾では公園や学校で運動をしている人をよく見かけるが、台東でもたくさんの老若男女が、夜遅くまでお喋りしながらトレイルを歩いている。

もともとトレイルに隣接する建物はすべて、線路に背を向けて建っていたが、裏側に歩行空間が生まれて人通りが増えたことで、隣接する住宅が裏口にデッキを広げてブランコを設置したり、バーが裏庭にテラス席をつくったり。まちの「裏側」のポテンシャルを発見した住民たちが、思い思いにトレイルを活用し、新しいオープンスペースが次々に生まれている。（内田）

上 鉄道が走っていた頃の面影がそのまま残る台東山海鐵馬道
下 連日さまざまな音楽パフォーマンスなどが行われる鐵花村（2016年時点）

かつての礼拝堂は、まちの人がくつろぐカラフルなコミュニティスペースに

アブサロン教会

教会を現代的な公民館にバージョンアップ

転用パターン：教会 → コミュニティスペース	開業年：2015年	
所在地：デンマーク・コペンハーゲン市	運営者：Flying Tiger Copenhagen	

民間企業がリノベしたカラフルなコミュニティセンター

教会や寺、神社は、祈りを捧げる場所というだけでなく、祭りが開かれたり、井戸端会議をしたりと、公共性の高い場所として利用されてきた。築100年の教会をリノベーションし、その機能を現代的に蘇らせたのが、デンマーク・コペンハーゲン市内にある「Absalon Kirke（アブサロン教会）」である。

真っ白だった壁はカラフルに塗り替えられ、メインホールはコミュニティスペースとして開放されている。親子が卓球をする横で、家族連れが読書をしたり、老夫婦がお茶を飲んでいたりと、まちの人が思い思いに過ごしている。元祭壇の奥にはカフェバーも完備。物価の高いデンマークにしては安価で美味しい料理やお酒を楽しむこともできる。中2階スペースのレンタルスタジオでは、ヨガやフリーマーケット、子ども向けのワークショップなど、毎日たくさんのイベントを開催。そして吹き抜けの上にもカラフルなカフェスペースがたくさん入居し、Wi-Fiも飛んでいるので、誰もが自由に出入りして読書や仕事をしている。

もともとこの教会は100年の歴史に終止符を打ち、売りに出されていた。手を挙げたのが、デンマーク発のポップな雑貨ブランドFlying Tiger（フライングタイガー）社の会長。この場所を運営する非営利組織を立ち上げ、まちに開かれた場所をつくった。

かつて公民館が持っていたコミュニティをつなぐという価値は、民間企業の企画力、デザイン力で何倍にもバージョンアップされている。（飯石）

妄想企画 その7

硬直した公共資産を動かすローカルファイナンス

公共施設の活用事業者を探す自治体職員は、1社でも首都圏の大企業が興味を持ってくれれば、すべてが解決するかのような幻想を抱いていないだろうか。しかし、実は、公共施設の活用と相性がいいのは、首都圏の大企業より地場の老舗企業や、創業者が地元出身など縁のある企業なのではないだろうか。たとえば、デンマーク・コペンハーゲンのアブサロン教会（p.194参照）は、地元企業フライングタイガーコペンハーゲンの創業者が、自社を育ててくれたまちに恩返しするつもりでつくられた民営の公民館だ。そんな風に、もっと多くの地場企業が、そのまちの公共空間を面白く使うことを通じ、地域経済やまちの持続可能性を高められないだろうか。

そんな理想的な状況をつくるのに、地域に不足しているのは「お金」ではなく「企画力」だ。人口減少と市町村合併で、日本中に余剰公共空間が溢れ、地域金融機関は融資先の低迷で、お金の貸し先を探している。つまり、モノとカネは揃っている。地場の有力企業にはヒトもいる。企画力のあるエージェントがそれらをつなぎあわせ、硬直した地方の公共資産の状況を動かす、潤滑油のような存在として機能するのではないだろうか。

有力なパートナー候補は地方銀行や信用金庫・信用組合などの地域金融機関だ。彼らは、地場企業の経営状態や経営者の人となり、新規投資意欲や行政との距離感などの情報を持っている。まず地域金融機関に、「適切な企業を見つけて、使われていない公共施設を地域のために使いませんか」と、プロジェクト組成を持ちかける。公共施設の活用に興味を示す地場企業が見つかったら、エージェントが自治体に掛けあい活用可能な場所を探し、企業の企画づくりを手伝う。あとは企業の投資で実行につなげるというフローだ。「企画力」というミッシングピースが埋まれば、地域の地域による地域のための公共施設活用がもっと進むのではないだろうか。（菊地）

お金と気持ちの持ち腐れ状態

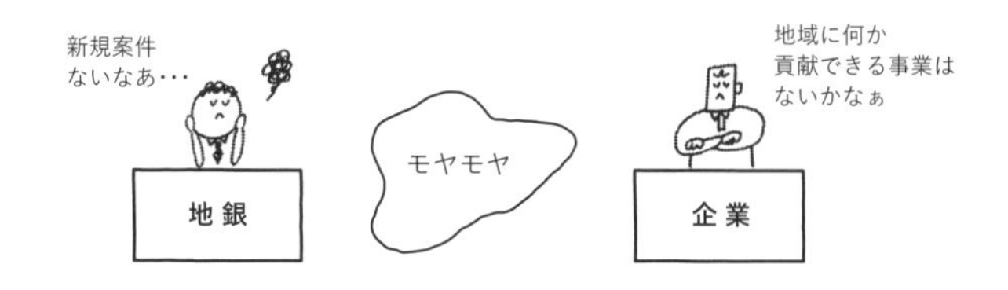

不足している“企画力”で地銀と企業をマッチング

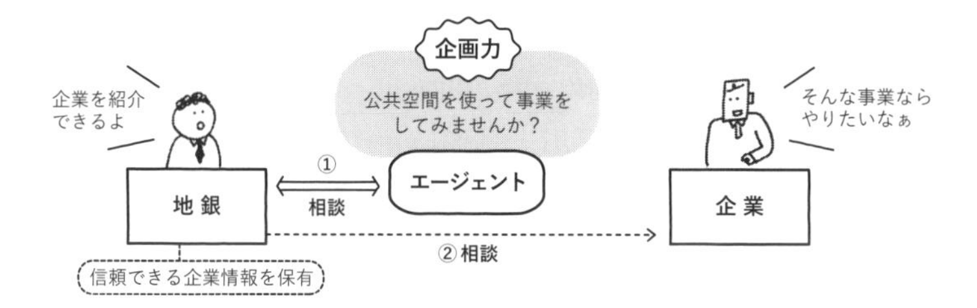

ローカルプレイヤーがつながるきっかけとなる

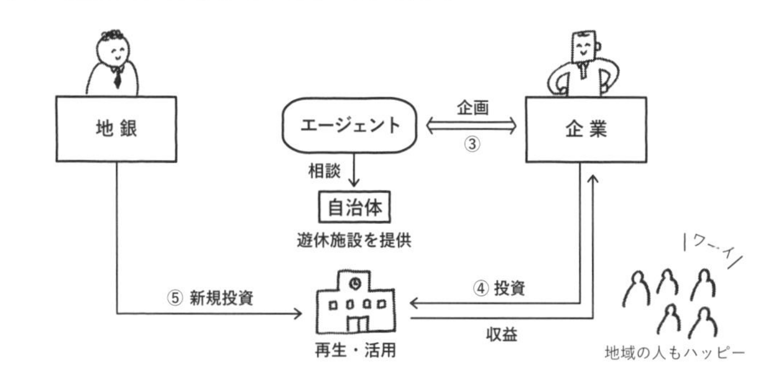

妄想企画 その8

公共施設のポジティブな閉じ方

公共R不動産が公共施設のリノベーションに取り組み始めたのは、高度経済成長時代に整備された公共施設群が一気に老朽化を迎えており、さらに人口減少も相まって使われず、リニューアルもされずに放置されるものが日本中に溢れ出す時代だからだ。

しかし、そんな時代なのだから、普通に「もう使わない」という判断もあってしかるべきだ。今まで公共施設は建てるものだったけれど、今後は解体していくべきものとしても捉えなければならない。

事実、2014年度から、総務省によって公共施設等の除却事業に係る地方債の特例措置が講じられることとなった。今まで施設整備のための起債メニューはあったが、除却すること、つまり「なくすこと」に対して国がアクションを起こすことは初めてかもしれない。

しかし、どうせ除却するなら、それもチャンスととらえたい。たとえば最後に、地元の住民を中心に、もう一度その記憶をたどるイベントに開放できないだろうか。ミッションを終え自由になった公共施設（というのもなんだか矛盾しているが）というのはアートと非常に相性がよいように思う。公共施設は長年、市民に親しまれてきた上、文化的な体験は老若男女の誰もが参加しやすい。また、アーティストは常に表現の場を求めている。

実際、渋谷区や豊島区の旧庁舎を閉じる際には大々的なアートプロジェクトが行われた。公共施設にはなんらかの思い入れがある住民は多く、今後除却する施設が多くなるにつれ反発も増えそうだ。ならば、最後、住民も参加しながら、どんな葬り方ができるのか、普段は接することのないアーティストや他の住民たちと考えるきっかけにしてはどうだろうか。皆の記憶に残るプロジェクトに仕立てることができれば、気持ちのけじめもつくし、その体験を通じて、まちにあるその他の公共施設の使い方を考えるポジティブなきっかけにもなりうるかもしれない。（菊地）

どうせ壊してしまうなら・・・

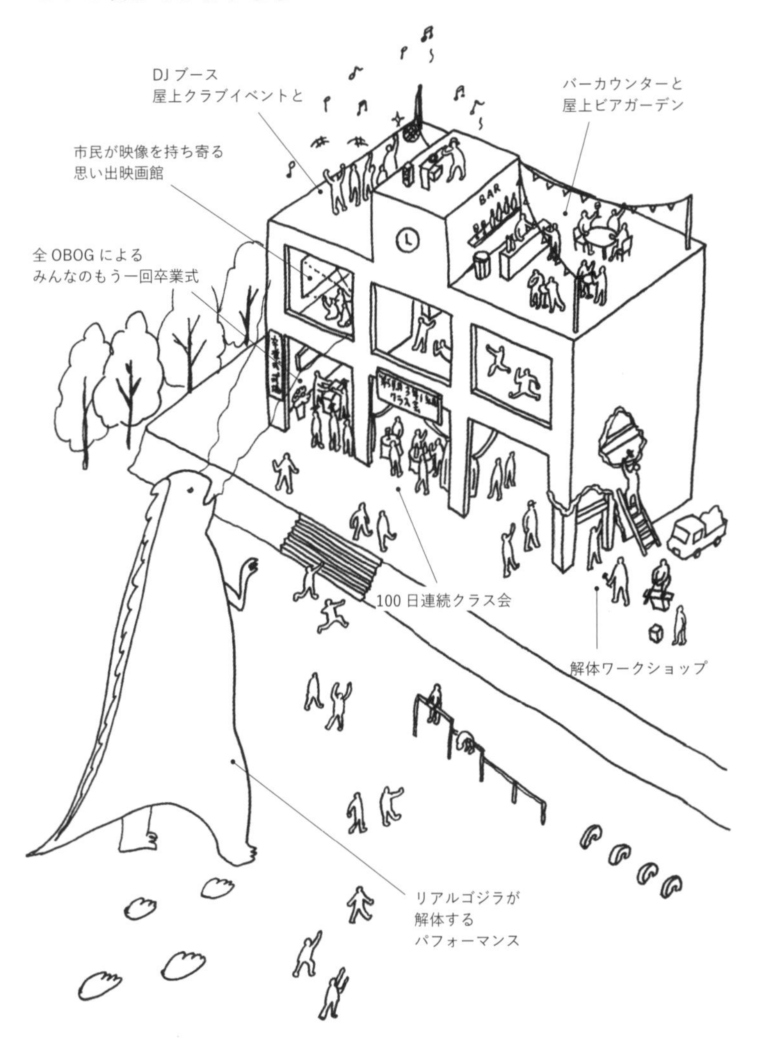

公共空間活用のための用語集

（飲食店等の）営業許可／臨時営業許可
安全に飲食の提供ができるよう、事業者の申請に基づき保健所が出す営業許可。店舗出店時、屋台等の移動販売時、屋外での調理・販売時などのシーンに応じて各種営業許可があり、地域によって規定が異なる。公園や道路など公共空間に出店するときに、まず必要になる許可の一つなので、所轄の保健所へ相談に行こう。

エリアマネジメント
地域の良好な環境や価値を維持・向上させるための、住民・事業主・地権者等による主体的な取り組み。大都市の都心部、地方都市の商業地、郊外の住宅地などで実践されている。快適で魅力的な環境の創出や美しい街並みの形成による資産価値の保全・増進等に加えて、ブランド力の形成や安全・安心な地域づくり、良好なコミュニティ形成、地域の伝統・文化の継承等、ソフトな領域も含む。公共空間活用の際には、空間単体ではなく、エリア全体を面で捉えて価値向上につなげたい。

公園
都市公園法には、都市公園内において、公園管理者以外の者が、都市公園の機能増進等を目的に、公園施設（売店・飲食店等の便益施設を含む）を設置または管理することができる制度として、公園施設の管理設置許可制度がある。
都市公園法の対象となる都市公園は、街区公園、運動公園、緑地など12種類に分類される。本書に出てくる街区公園とは、もっぱら街区に居住する者の利用に供することを目的とする公園で、誘致距離250mの範囲内で1カ所あたり面積0.25haを標準として配置されたものを指す。

公開空地
ビルやマンションの敷地内で、歩行者が日常自由に通行または利用できる空地。ビルやマンションの容積率制限等の緩和の目的で設置される。特定行政庁の要綱等に基づき、手続きを行うことでイベント等に利用することができる。民間所有の公共空間として無限の可能性を秘めており、エリアマネジメントの視点からも活用が期待される。

公共施設等総合管理計画
公共施設全体の現状と将来の見通しについて把握し、長期的な視点をもって更新・統廃合・長寿命化などを計画的に行い、公共施設の適切な配置を実現するための基本方針を策定したもの。総務省からの策定要請を受け、2017年度までにほぼすべての地方公共団体が策定している。それまで資産たる公共施設の現状を一覧で把握できる資料が存在しなかったというのは驚きであるが、公共不動産の活用にあたってはこの総合管理計画の策定が第1ステップとなる。

公有財産（行政財産、普通財産）
「公有財産」とは、行政が所有する財産を指し、特に庁舎などの公用のもの、公園や学校など公共用に使うものは「行政財産」に、それ以外のものは「普通財産」に分類される。行政財産である施設の貸付や売払は基本的にNGであり、民間が使う場合は用途廃止や普通財産への変更が必要となる。

国家戦略特区
地域や分野を限定することで、大胆な制度の緩和や税制面の優遇を行う規制改革制度。特区で規制改革の有効性が認められれば、全国展開することを目的としている。2017年10月時点で、東京をはじめとする10区域が認定されており、都市公園における保育所の設置も、当初は国家戦略特区における特例措置として始まり、都市公園法の改正につながった。

コンセッション方式
公共施設やインフラにおいて、その所有権は公共側に残したままで、長期間運営する権利のみを民間事業者に売却する民営化手法のこと。空港・道路など利用料を徴収できるインフラでしか使えない手法とされていたが、公園でも、大阪城公園のパークマネジメントではじめて採用された。

サウンディング
公募する前段階で、広く意見を聞き、用途や条件を調整するためのプロセス。入札前に自治体の意図を事業者に正確に伝え、利用者や事業者の目線に立った活用をするため、多くの自治体で取り入れられるようになった。詳細はコラムp.78参照。

サブリース／マスターリース
「サブリース」とは賃貸管理事業者が建物所有者（家主）等から建物を転貸目的で賃借し、自らが転貸人となって入居者（転借人）に転貸する賃貸管理事業。家主と転貸人の契約を「マスターリース」と呼ぶ。

暫定利用
期間や条件を限定して暫定的にその土地や建物を利用することをいう。社会情勢の変化等により確定的に利用ができない場合、試験的に利用することで事前に集客状況の把握や地域との合意形成を行うことができ、本格利用の足掛かりとなる。

事業者選定方式
自治体が民間企業と契約する場合、その相手先は公平公正なプロセスを経て選定され、かつ低価格で高品質なサービスを提供するものでなければならないため、至極もっともだが「公募」という高いハードルがある。具体的には、民間企業からの提案を前提とする場合、総合評価落札方式または公募型プロポーザル方式が用いられることが多い。総合評価落札方式は、一般競争入札の一形態であり、価格だけでなくその他の条件を総合的に勘案し、落札者を決定するものをいう。公募型プロポーザル方式は、公募により提案を募集し、事前に示された評価基準に従って最優秀提案を特定後、その提案者との間で契約を締結する方式をいう。自治体が特定の事業者と相対で契約に至ることを「随意契約」と呼ぶ（公募型プロポーザル方式は随意契約の一種）。自治体が公募を経ずに随意契約で民間と契約するには、別の手段では同等の成果が得られず、その事業者でなければ履行できない理由を証明できなければならない。民間からしてみれば、公募プロセスは時間がかかる上、落札できなかった場合、アイデアだけを提供する結果となる。資料作成の負担や選定までのスケジュールなど、公平性を保ちつつ民間の意欲を削がない工夫が求められる。

指定管理者制度

公の施設の管理運営を、指定した民間事業者等に代行させる制度。民間のノウハウを活かしたサービス向上と経費節減を目的としているが、たとえば図書館においては開館時間延長などサービスが充実する一方で人材育成が難しいなど、課題も指摘されている。指定管理者は公園においては使用許可権限を持つなど、実は裁量が大きく、本来的には利用者目線を取り入れたより柔軟な運営を可能にする手法である。

社会実験

社会的に大きな影響を与える施策の導入に先立ち、市民等の参加のもと、場所や期間を限定して施策を試行・評価し、導入を判断するために行われる実験のこと。
何を実証するための実験か、事前に評価指標をきちんと定めないと、イベントで終わってしまう危険性もはらんでいる。

住民参加（合意形成）

従来アンケート調査等の間接的手法で住民参加が図られてきたが、素案をまとめるまでの策定プロセスにワークショップなどを通じて直接住民が参加、提案できる機会を設ける例が増えてきている。公共施設の活用にあたっても、住民のアイデアを取り入れ、当事者意識をもって使い続けてもらうために、住民参加型の合意形成は欠かせない。

条例

地方公共団体が国で定める法律・政令の範囲内で 議会の議決を経て独自に制定する法規。いわばローカルルールであり、先進的な取り組みを実現することも、くだらない規制をかけることもできる。

都市再生推進法人

都市再生特別措置法に基づき、地域のまちづくりを担う法人として、市町村が指定するもの。指定を受けると、都市再生整備計画の提案や協定への参画、税制優遇や融資を受けることが可能になる。エリアマネジメントにおいて、公開空地の運用による資金調達などの役割が期待される。

プレイスメイキング

アメリカで生まれた公共空間のプランニング等に対する多角的アプローチ手法。ハードとしての「場」ではなく、空間の居心地がよくなり、ソフトとしての魅力が増すことでまちの価値が上がる場づくりを意味する。欧米では車道の歩行空間化の実証実験などで、人の感覚に寄り添った空間整備手法として用いられている。

便益施設

都市公園法により定義されている公園内に設置可能な施設分類の一つ。飲食店、売店、宿泊施設、駐車場、園内移動用施設および便所ならびに荷物預り所、時計台、水飲場、手洗場その他これらに類するものとする。広い定義であるため、解釈により公園の使い勝手をよくする機能を付加できる可能性がある。

補助金

政府や地方自治体、外郭団体などが、一般市民や民間企業などに対して交付する金銭的な給付のこと。公共不動産活用において行政から資金を得る場合、補助金のかたちで受け取ることが多いが、もらってしまうと使い切らねばならず、予算に組み込まれていない出費は原則できない。企業はもちろん家計の感覚からも大きくずれるところではあるが、財源が税金である以上やむをえないことでもある。補助金に頼らず、自主事業など受益者からのリターンで稼ぐしくみをつくりたい。

BID（Business Improvement District）

ある認定された対象エリア（＝District、地区）について、民間のエリアマネジメント団体に資金的な裏付けを与え、公共空間の管理も一体的に任せて持続的なまちづくりを支援する制度。欧米では対象エリアの不動産所有者やテナントから税金としてまちづくり資金を徴収、エリアマネジメント団体に再分配している。日本でも大阪市で地権者から分担金を徴収、エリアマネジメント会社が非収益事業に充てる取り組みが行われている。日本ではBIDで治安維持、清掃等を行っても周辺価値の向上につながっているのか判断しづらく、資金調達面で課題が残る。詳細はコラムp.170参照。

FM（Facility Management）

施設の長期的な保全や利活用などを目的とした総合的な施設の管理手法。国内ではこのファシリティマネジメントを取り入れる自治体が急速に増えてきている。

JV（Joint Venture）

単独で受注および施工を行うことが難しい工事の場合に、複数の建設企業が、一つの事業を受注、施工することを目的として形成する共同事業体のこと。

PFI（Private Finance Initiative）

公共施設等の設計、建設、維持管理および運営に、民間の資金とノウハウを活用し、公共サービスの提供を民間主導で行うことで、効率的かつ効果的な公共サービスの提供を図るという考え方。日本では自治体の分割払いの手法としか捉えられておらず本来的な利用をされていないのが現状といえる。

PPPエージェント

公民連携（Public Private Partnership）のプロジェクトを推進する主体。公的目的を理解・共有し、行政から一定の権限を委譲され、彼らに代わって民間のフットワークの軽さ、意思決定の早さなどを活かしながら、企画、交渉、資金調達などを担う。

TIF（Tax Increment Financing）

エリアを整備することで資産価値が高まると増加する固定資産税を前提に、債権を発行し、エリアを整備する官主導のしくみ。たとえば今後地下鉄が延伸するエリアで先にTIFを発行し、資金調達をして地下鉄整備費に充当するなど。アメリカの公民連携手法で、日本では未導入。詳細はコラムp.170参照。

TMO、まちづくり会社

事業としてまちづくりに取り組む、公益性と事業性を兼ね備えた組織や団体のうち、法人格を有するもの（狭義には中心市街地活性化法に定められた、資本3%以上を地方公共団体が有し、経済産業大臣に認定を受けたタウンマネージメント機関＝TMO）。不動産事業や公共施設管理事業を行うことも多く、都市再生法により都市再生推進法人に認定されると、融資や税制の優遇を受けることができる。

おわりに

公共R不動産を運営していると、日本中の自治体や企業からさまざまなタイプの相談がある。そしてその相談の内容やレベルは激しくばらついている。「この物件を掲載してください」という素直なものから、「サウンディングを一緒にやってほしい」「公募条件を一緒に構築してほしい」とか、なかには「あまりにも多くの公共施設が余っているので、どこから手をつけたらいいでしょうか」というものまである。要するに、公共空間の流通には複雑な手続きと、承認プロセス、コンセンサスの構築が不可欠なのだ。

主に住宅やオフィスを取り扱う東京R不動産などは、民間と民間の不動産仲介なので構造は極めてシンプル。物件を売りたい／貸したい人と、買いたい／借りたい人をマッチングするだけでよい。最初、公共R不動産を始めた時は、同じように空いている公共空間を貸したい行政と、それを活用したい民間とをマッチングすればいいと思っていた。しかし始まってみれば、税金で整備されている公共空間を扱うのはそんなに単純なものではなかった。そんなことも知らないで始めたのか、と言われてしまいそうだが、その面倒を知らなかったからこそ始めることができたとも言える。

さらに、数多くの自治体と仕事をするなかで、日本の公共空間がなかなか流通しない理由の一つは、そのプロセスが複雑なのと、典型的な手続きのフローが確立していないことだとわかってきた。

本書は、国内外の先進事例を題材に、そうした複雑なプロセスをなるべくわかりやすく解説し、こうすればもっとスムーズになるというアイデアも提案している。新しい公共空間の使い方を発見するヒント集として本書を活用してほしい。

2018年6月
馬場正尊

図版クレジット

松田東子：p.22、25、33
ニューヨーク市交通局：p.23（上）
山脇和哉：p.26
Afro&Co.Inc.：p.30
内田友紀：p.34、193
コペンハーゲン市：p.39（上）
菊地マリエ：p.39（中・下）、76（上）、77（中・下）、92、93、154（上）、190、191
株式会社スピーク：p.46
加藤優一：p.50、51、57、58、186、187（上）
あそべるとよた推進協議会：p.54、55
飯石　藍：p.62、63、109、124（下右）、134-135、138、139、194
Daici Ano：p.68（上）
株式会社 R.project：p.68（下）、116、117
Kohichi Ogasawara：p.69（下）
京都市：p.72（上）、73（上左）
水口貴之（京都 R 不動産）：p.72（下）、73（上右・下）
株式会社スノーピークビジネスソリューションズ：p.76（下）
中谷明史：p.88
タルマーリー：p.96（上）、97（上）
Kazue Kawase：p.96（下）、97（下）
阪野貴也：p.100、101（中・下）
PIXTA：p.103
グッドネイバーズジャンボリー実行委員会：p.104
株式会社浜松ワインセラー：p.107
PARKFUL：p.111、124（上・中・下左）
堀越一孝：p.112、174
KaBOOM!：p.128、129（下）
株式会社 ENdesign：p.130
NPO 法人ハマノトウダイ：p.142、143
清水襟子：p.148
公共 R 不動産：p.154（下）
立川市子ども未来センター：p.158
オガール企画合同会社：p.162、163（中・下）
大島芳彦：p.166、167（下）
台東区産業振興課：p.169
吉田誠：p.179
京都工芸繊維大学 仲研究室：p.187（下）

イラスト：清水襟子（Open A）

公共Ｒ不動産について

http://www.realpublicestate.jp/

築年数や駅徒歩等条件の悪さから借り手がつきにくかった民間所有の物件について、その魅力を写真や文章で表現しながら眠っていた価値を顕在化させ、市場に再評価させるしくみとして誕生した「東京Ｒ不動産」。
「公共Ｒ不動産」はその公共施設版である。遊休化している公共空間と、それを活用したい民間企業とのマッチングを行い日本の公共空間がもっと面白く使われ、自治体の都市経営課題を解決していくことをミッションに二つの事業を展開している。

メディア事業

日本全国の遊休公共施設の使い手を募集する情報の編集・発信、国内外の公共空間活用事例や活用に関するノウハウなどを紹介する。

コンサルティング＆プロデュース業務

行政機関に対し、公共空間の活用可能性、事業者選定支援などのサービスを行う。また、公共空間の活用を希望する民間企業に対し、公募書類の作成から公共空間の設計、運営手法の監修、テナントリーシングまでの支援をワンストップで行う。

著者

馬場正尊 ｜ ばば・まさたか

Open A 代表／公共 R 不動産ディレクター／東北芸術工科大学教授。1968 年生まれ。早稲田大学大学院建築学科修了後、博報堂入社。2003 年 Open A を設立。建築設計、都市計画まで幅広く手がけ、ウェブサイト「東京 R 不動産」「公共 R 不動産」を共同運営する。建築の近作に「佐賀城内エリアリノベーション」「泊まれる公園 INN THE PARK」など。近著に『テンポラリーアーキテクチャー　仮設建築と社会実験』『CREATIVE LOCAL　エリアリノベーション海外編』『エリアリノベーション　変化の構造とローカライズ』『PUBLIC DESIGN　新しい公共空間のつくりかた』など。

飯石 藍 ｜ いいし・あい

公共 R 不動産／株式会社 nest ／リージョンワークス合同会社。1982 年生まれ。上智大学文学部新聞学科卒業後、アクセンチュア株式会社にて自治体向けのコンサルティング業務に従事。その後 2013 年に独立し、2014 年より公共 R 不動産の立ち上げに参画。全国各地で公民連携・リノベーションまちづくりのプロジェクトに携わりながら、南池袋公園・グリーン大通りの PPP エージェント会社の立ち上げにも参画。

菊地マリエ ｜ きくち・まりえ

公共 R 不動産。1984 年生まれ。国際基督教大学教養学部卒業。株式会社日本政策投資銀行勤務、地域企画部にて公共不動産の調査業務を担当、在勤中に東洋大学経済学部公民連携専攻修士課程修了。日本で最も美しい村連合特派員として日本一周後、2014 年より公共 R 不動産の立ち上げに参画。現在はフリーランスで多くの公民連携プロジェクトに携わる。共著書に『CREATIVE LOCAL エリアリノベーション海外編』。

松田東子 ｜ まつだ・はるこ

株式会社スピーク／公共 R 不動産。1986 年生まれ。一橋大学社会学部卒業後、大成建設株式会社にて PFI 関連業務等に従事。2014 年より公共 R 不動産の立ち上げに参画。スピークでは「トライアルステイ」による移住促進プロジェクトに携わる。

加藤優一 ｜ かとう・ゆういち

Open A／公共R不動産／(一社)最上のくらし舎代表理事。1987 年生まれ。東北大学大学院工学研究科都市・建築学専攻博士課程単位取得退学。2011 年より東日本大震災の復興事業を支援しながら自治体組織と計画プロセスの研究を行う。2015 年より現職にて、建築の企画設計、まちづくり、公共空間の活用、編集・執筆等に携わる。銭湯ぐらし主宰。編著書に『CREATIVE LOCAL エリアリノベーション海外編』。

塩津友理 ｜ しおつ・ゆり

Open A ／公共 R 不動産。1987 年生まれ。昭和女子大学大学院修了。2012 年 Open A に入社し、書籍やウェブの編集等に携わる。編著書に『RePUBLIC　公共空間のリノベーション』『PUBLIC DESIGN　新しい公共空間のつくりかた』『団地を楽しむ教科書 暮らしと。』『団地のはなし』など。

清水襟子 ｜ しみず・えりこ

Open A ／公共 R 不動産。1993 年生まれ。千葉大学工学部建築学科卒業。東京藝術大学大学院美術研究科建築専攻修了。2017 年 Open A に入社し、公共空間のリノベーションや企画設計に携わる。

執筆協力

土橋 遊・内田友紀・中谷明史・則直建都

編者

公共R不動産

遊休化した公共空間の情報を全国から集め、それを買いたい、借りたい、使いたい企業や市民とマッチングするウェブサイト。2015年開設。公共施設に関する自治体の相談に乗ったり、施設を使いたい企業とコラボレーションして企画をつくったり、日本の公共空間の流通を円滑化し、楽しく活用するさまざまな活動を展開している。一緒に公共空間を変革していく仲間を随時募集中。

ホームページ　www.realpublicestate.jp

公共R不動産のプロジェクトスタディ
公民連携のしくみとデザイン

2018年6月15日　初版第1刷発行
2021年6月20日　初版第3刷発行

編者　公共R不動産
著者　馬場正尊・飯石 藍・菊地マリエ・松田東子
　　　加藤優一・塩津友理・清水襟子
発行者　前田裕資
発行所　株式会社学芸出版社
　　　京都市下京区木津屋橋通西洞院東入
　　　Tel. 075-343-0811

編集　公共R不動産、宮本裕美（学芸出版社）
デザイン　小板橋基希＋佐藤理央（アカオニ）
印刷・製本　シナノパブリッシングプレス

ISBN 978-4-7615-2682-5